蔡晶晶　梅英婷 / 著　　龙素如 / 绘

中国农业科学技术出版社

图书在版编目（CIP）数据

基因魔法师 / 蔡晶晶，梅英婷著．—北京：中国农业科学技术出版社，2018.12（2022.12重印）

ISBN 978-7-5116-3939-4

Ⅰ．①基… Ⅱ．①蔡… ②梅… Ⅲ．①基因－普及读物
Ⅳ．①Q343.1-49

中国版本图书馆 CIP 数据核字（2018）第 287608 号

责任编辑　崔改泵　金　迪
责任校对　贾海霞
出 版 者　中国农业科学技术出版社
　　　　　北京市中关村南大街12号　　邮编：100081
电　　话　（010）82109708（编辑室）　（010）82109702（发行部）
　　　　　（010）82109709（读者服务部）
传　　真　（010）82106650
网　　址　http：// www.castp.cn
经 销 者　各地新华书店
印 刷 者　保定市铭泰达印刷有限公司
开　　本　710mm×1 000mm　1/16
印　　张　8.75
字　　数　126千字
版　　次　2018年12月第1版　　2022年12月第4次印刷
定　　价　39.00元

目录

夜空中最亮的"星"

萤火虫的尾部有专门的发光器，其中存在着一种含磷的化学物质荧光素与一种催化酶。在发光器上有一些气孔，当气孔里进入空气后，荧光素在酶的催化下与氧发生氧化还原反应，萤火虫就发出了光。

黑暗的夜空中一闪一闪地出现了星星点点的些许亮光，在黑色的夜空中格外亮眼。

小飞蛾看着亮点：“原来还有和星光一样璀璨的亮光呀！”

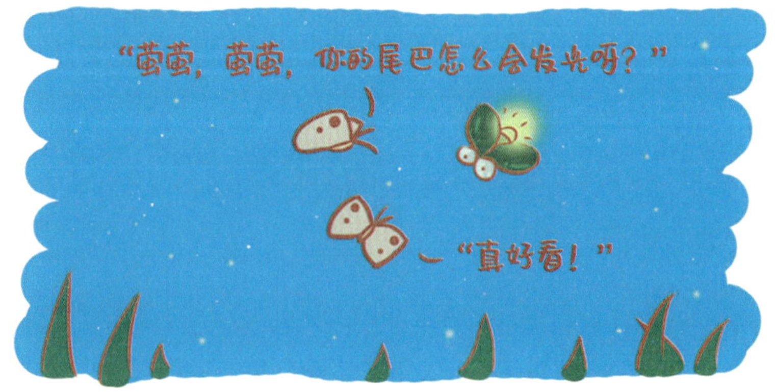

赶上前仔细一瞧，原来是一只只萤火虫。

萤火虫："我们家族大多爱在夜间活动，没有独特的本领，这可不容易。"

我们祖先体内有关脂肪酸代谢的基因发生了突变，不仅脂酰辅酶A合成酶变成了荧光素酶基因，还形成了发光物质荧光素。

通过ATP提供能量，荧光素与氧气在荧光素酶的作用下发生了氧化还原反应，我们就能发光啦！

我们的发光反应在专门的“发光器”里进行，就在我们的尾部。

“发光器”由数层细胞组成，皮肤下有发光细胞，发光细胞下有反光细胞，可以使光看起来更亮。

我们的尾巴会发光可不是为了漂亮哦。

最重要的目的是找对象。

每只雄性萤火虫都会发出属于自己种类的专门信号，点亮自己，吸引异性。

而同类的雌性萤火虫就会用特定的闪烁模式来回应它。

我们还可以通过发光来吸引自己的猎物，也可以警告捕食者不要靠近。科学家发现，有蜥蜴取食萤火虫后导致厌食甚至死亡。

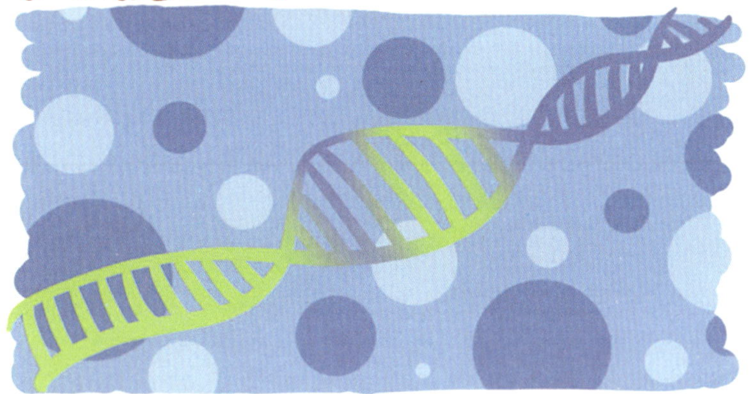

人类还利用我们发光的原理发明了灵敏安全的基因检测手段。

这就是我们萤火虫家族拥有神奇的发光体的原因和作用。

奇特的海马
海马为什么直立游泳呢？
因为它体内缺失tbx4基因，
使得腹鳍在长期进化中丢失，
只能靠胸鳍和背鳍游泳啦。

小海马从生下来就没看到过妈妈，爸爸一个人辛苦地照顾着兄弟姐妹这个大家庭。

小海马非常好奇自己的家族为什么和别的鱼类有那么多不同：爸爸养育大家，而且还竖着游泳。

爸爸语重心长地说："孩子，你也长大啦，我给你讲讲咱们家族的故事吧。"

很久以前，我们和其他小鱼一样，也是用腹鳍游着走的。

相对于其他鱼类通常多达60~169个嗅觉受体基因，我们只有26个嗅觉基因，嗅觉非常不发达。

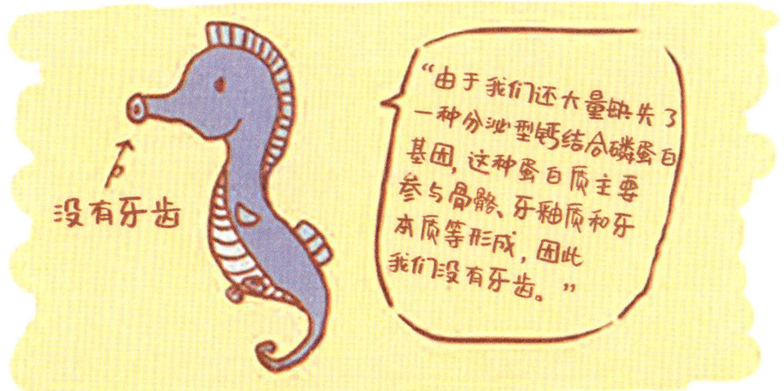

而且我们没有牙齿，别说吃香喝辣，连生存都备受威胁。

我们只好尽量伪装自己，蜷缩起细长的尾巴，把自己缠绕在海藻或岩石上。

海马们在海藻里钻来钻去，让皮肤染上海藻般的颜色，伪装自己，以免受到敌人的伤害。

海马爸爸肩负起壮大种族的责任，每人怀里装上个“育儿袋”。

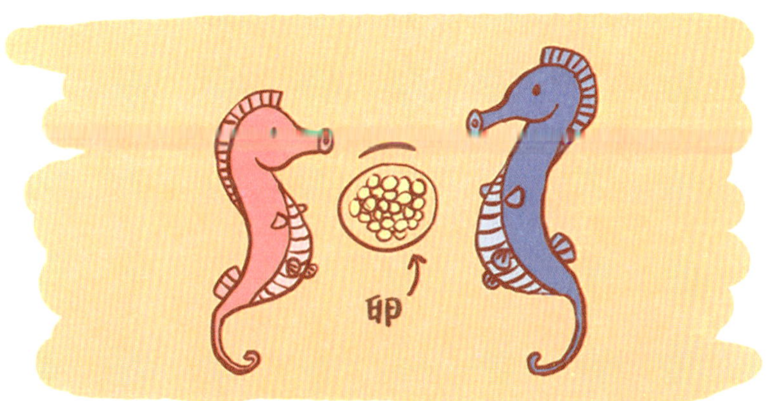

让海马妈妈将卵产在“育儿袋”里，可以让海马宝宝享受全方位的保护，也提升了种族的存活率。

为此，海马爸爸不得不学会拖着碍事的腹鳍游，小心翼翼不让小宝宝掉出来。

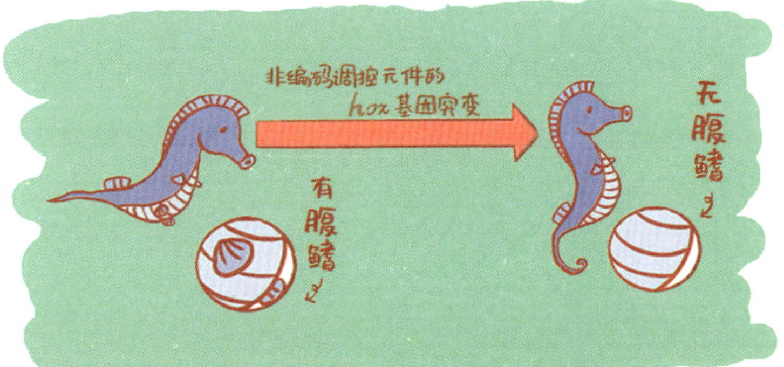

为了能够世代沿袭，我们的非编码调控元件hox基因发生了突变，改变了我们的体型。

控制腹鳍是否出现的tbx4基因也慢慢消失了，终于摆脱累赘的腹鳍，可以轻松地揣着“育儿袋”游行。

“看，现在的幸福生活多么来之不易呀！”海马爸爸对小海马说道。

“我要努力学习本领。”小海马默默发誓。

蜥蜴的断尾求生术

蜥蜴有神奇的断尾再生本领，开启此项功能时至少有326个与伤口愈合和尾部形成相关的基因同时工作，形成“WNT通路”，这些基因共同发挥作用，直至形成新的尾巴。这个信号通路在脊椎动物和无脊椎动物中都广泛存在，其控制着胚胎发育、器官形成和组织再生等生理功能。

沙地里，蜥蜴们沐浴在阳光下，感受着温度的美好，一条蛇悄然靠近。

感受到威胁的蜥蜴为了躲避蛇的捕杀快速狂奔。

说时迟那时快，蛇已咬住了蜥蜴的尾巴。

只见蜥蜴哥的尾巴神奇地脱落，在沙地上不停地打圈、摇晃。蛇被断了的尾巴吸引，不再追赶蜥蜴。

完美逃生的蜥蜴哥得意洋洋。

其他蜥蜴说道："吁，我们还不知道你那点本事哈，还好意思出来炫耀。"断尾蜥蜴犹如丧家之犬。

原来，蜥蜴的尾巴也是贮存营养的仓库，失去尾巴就意味着它没有能量包，地位下降，还会被同伴嫌弃和欺凌的。

蜥蜴哥落寞地看了看尾部，希望它能快点长起来。

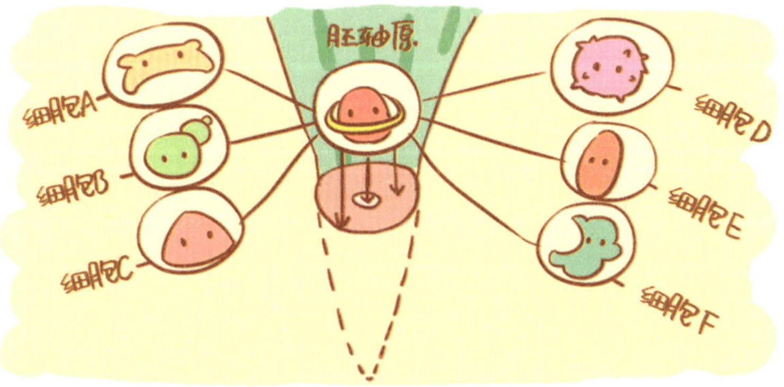

断尾后，大量不同功能的细胞就会纷纷聚集到受伤部位，形成一种胚轴原物质，这种物质不断变化，就会形成骨细胞、肌肉细胞、皮细胞等。

最后在断尾处造出一条全新的尾巴。

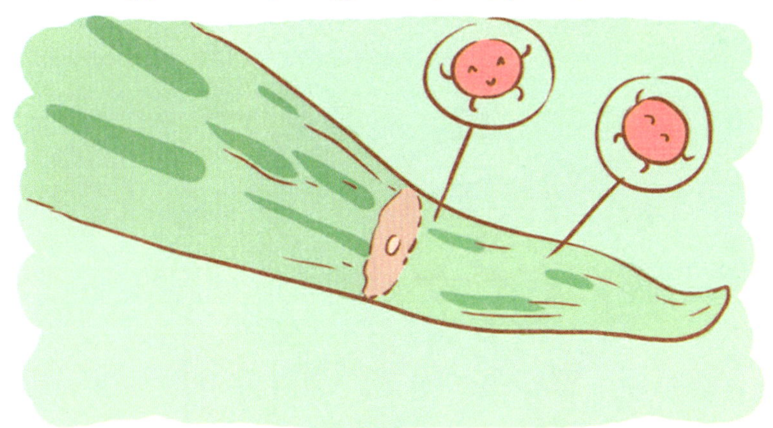

这一切的指挥者都是暗藏于细胞中的基因。

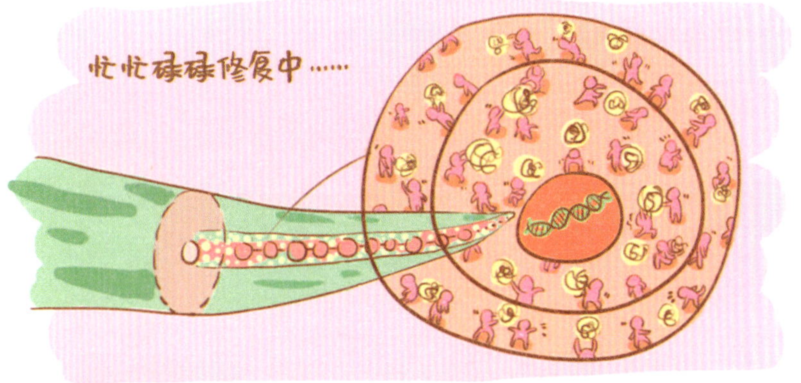

蜥蜴的断尾再生时，至少有326个与伤口愈合和尾部形成相关的基因会启动，被称为“WNT通路”。

还有不少动物也有类似的再生行为，比如一些鱼类、蚯蚓、蝾螈等。

科学家正在深入研究动物的这种再生能力，也开始研究人类的相关基因。

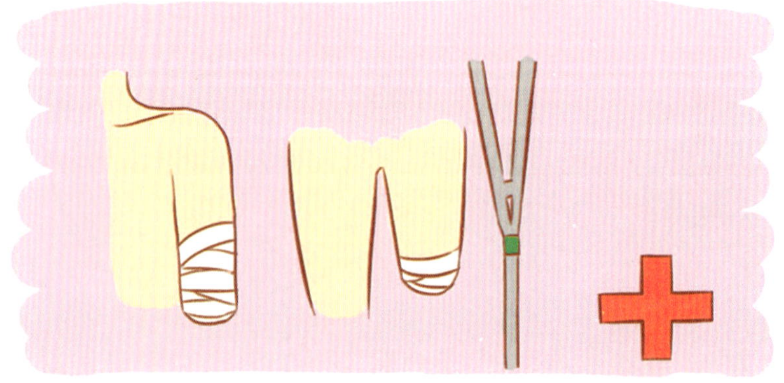

希望未来用组织器官的再生来治疗人类的疾病和缺陷！

小鸟为什么会飞
科学家研究发现，拥有飞行特征的鸟类体内含有相似的ASHCEs基因。该基因序列受到强烈的自然选择压力，在所有鸟类中很少发生变化，而其他脊椎动物中ASHCEs基因要么不存在，要么发生了很大变化。

动物学校里小动物们在认真地上历史课，小鸟飞飞最喜欢上历史课了。

历史老师：“我们每种动物都有祖先，从一个共同祖先发展成现在的丰富的种群，这就是一部进化史。”

“今天的作业是，请你们研究一下自己的种群有什么重要特征，这种特征在进化中是怎么获得的。”

下课后，飞飞一头扎进了图书馆，翻起书来。

原来，祖先们生出羽毛最开始是为了保暖，后来又具有炫耀和吸引异性的功能，最终才进化出飞行的能力。

生存环境变了，鸟类先学会了跳，用翅膀拍击来助力，慢慢地，从短距离的跳跃，到长距离的滑翔，终于飞了起来。

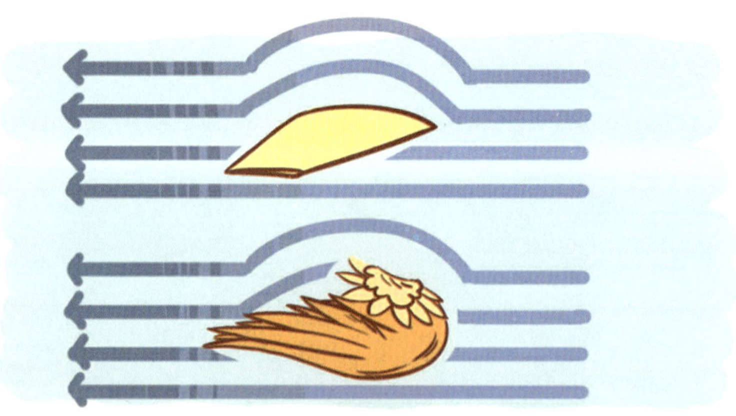

鸟儿的羽毛从硬板状的翼型结构慢慢变成具有中空软管、长有绒毛的符合空气动力学的结构。

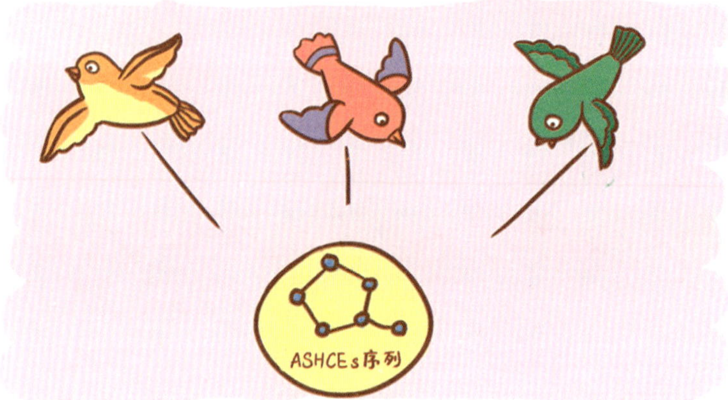

这些变化都是基因掌控着的。所有鸟类的体内都含有相似的特异性保守序列，即ASHCEs序列。

ASHCEs序列在性状的演化中起到了关键作用，它可能包含重要的基因调控功能。

飞羽是特化的羽毛，飞羽的出现是鸟类拥有飞翔能力的关键因素。

当鸟类祖先与其他恐龙分化后，sim1基因附近获得了一个关联ASHCE元件，由此鸟类翅膀的飞羽形成位置被激活，出现了飞羽，使鸟类获得了飞翔的功能。

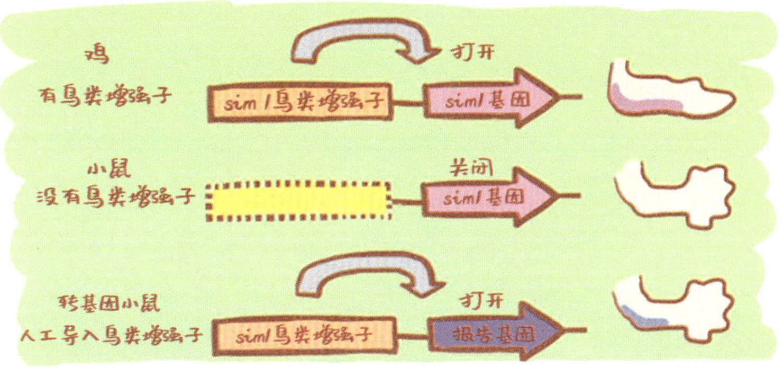

其他动物中也存在sim1基因，不过因为不存在这种特异性的增强子，动物前足的位置就没有该基因的表达。

为了适应飞行，鸟类面临着强大的自然选择压力，因而只保留了很小的基因组。

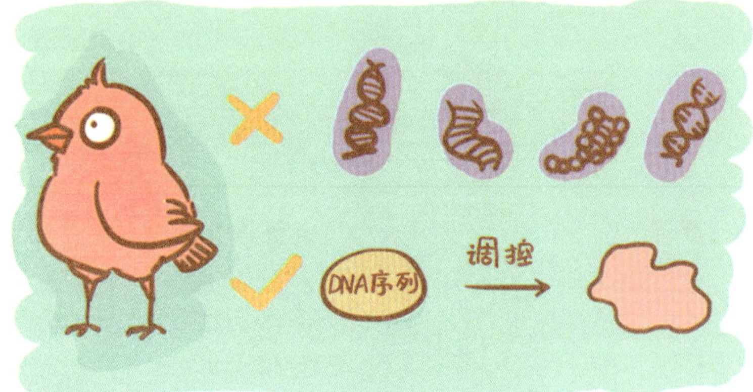

鸟类用独特的方式实现了生物特征的演化：不增加新的基因，而是通过获得新的基因调控序列来控制新性状的形成。

飞飞终于弄明白自己的祖先是怎么学会飞的。

小老鼠换衣记
小老鼠毛发的颜色是怎么来的？那是因为
小老鼠体内含有色素哦。而色素的形成
主要由体内的黑素皮质素受体、黑色素
细胞刺激素、鼠灰色基因相互作用，并与
环境因素共同影响而形成的。

很久很久以前，在现在美国内布拉斯加沙丘上……

一群黑毛小老鼠自由自在地生活着。

白驹过隙，一万年之间，冰川融化，沙子的遗留使土壤的颜色越来越浅。

小黑鼠的皮毛在浅色沙丘上变得格外显眼。

也越来越轻易地被猫头鹰、蛇等天敌捕杀。

小黑鼠的生存越发艰难了。

小黑鼠:"都怪这身衣服太显眼,我们要换新衣!"

为了自救,小黑鼠决定带领大家族换身衣服。

小黑鼠的衣服颜色是由一系列专门基因翻译的蛋白质控制的。

包括黑素皮质素受体、黑色素细胞刺激素和鼠灰色信号蛋白，它们相互作用决定了最终的颜色。

当黑素皮质素受体和黑色素细胞刺激素在一起，则形成黑色素，皮毛为黑色。

黑素皮质素受体承担起拯救鼠族的重担，一次又一次地突变自我。

发生9次突变后，终于练就了全新的黑素皮质素受体。

突变的黑素皮质素受体现在可以和鼠灰色信号蛋白完美结合了，形成伪黑色素。

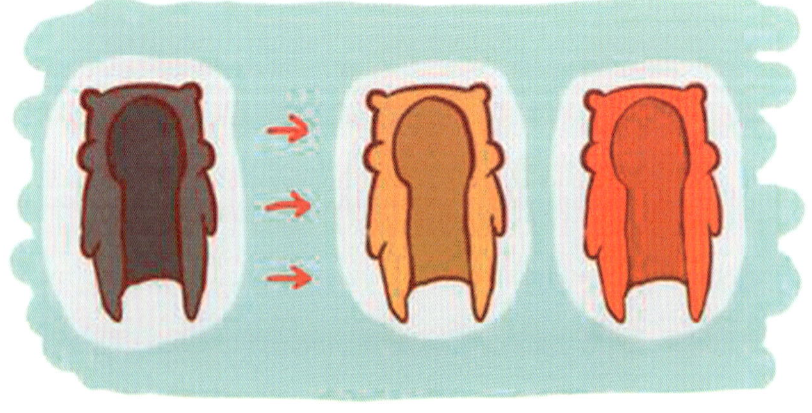

越来越多的小黑鼠变成了小黄鼠、小红鼠。

当然，仍有小部分黑素皮质素受体继续和黑色素细胞刺激素做朋友。

大部分小老鼠成功换上了金色外衣。

鼠族终于躲过了被捕食灭绝的命运。

小贴士：

蔬菜水果等天然食品多挑选颜色丰富的，加工食品就不用过分追求色泽啦！

长颈鹿的长脖之谜

长颈鹿算是地球上现存最高的哺乳动物了，站立时身高可达6~8 m，脖子长达2m。长脖子既是它的标志，也给它带来了生存挑战。当它低头喝水并再次抬起头时，需要相当于人类2.5倍的血压，才能将脑部的血液泵到往上2m的大脑中，否则就会出现头晕。

当然是长颈鹿。

长颈鹿的脖子怎么那么长呢？科学家跟我们一样感兴趣呢。让我们一起来揭晓答案吧！

长颈鹿如此独特，都找不到和它相像的动物，它到底是怎么进化而来的呢？

科学家认为，霍加狓可能是中型食草动物向长颈鹿进化的中间物种，长颈鹿是在大约1150万年前从远古霍加狓进化来的。

在20世纪以前，只有刚果热带雨林的土著人知道霍加狓这种神秘的动物。伦敦动物学会根据对霍加狓的描述，将它归入了马属。

1901年6月，科学家根据一具几乎完整的霍加狓皮毛和两具颅骨，重新确定了它的种属。

霍加狓有着和长颈鹿很像的短角和长舌头，不过是个矮个子，也没有长脖子。

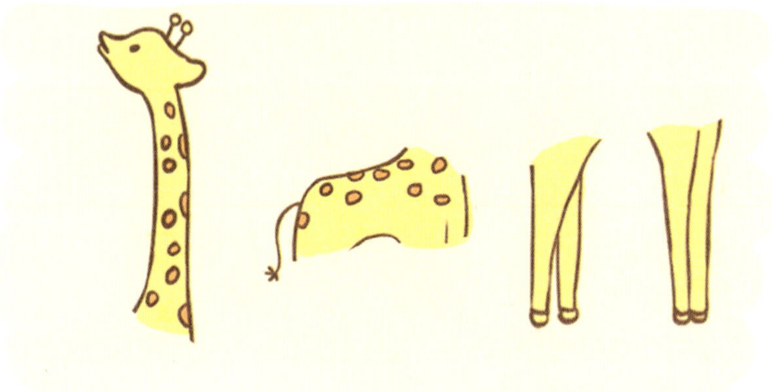

和霍加狓相比，长颈鹿拥有倾斜的背脊、修长的四肢和相对短小的躯干部分。

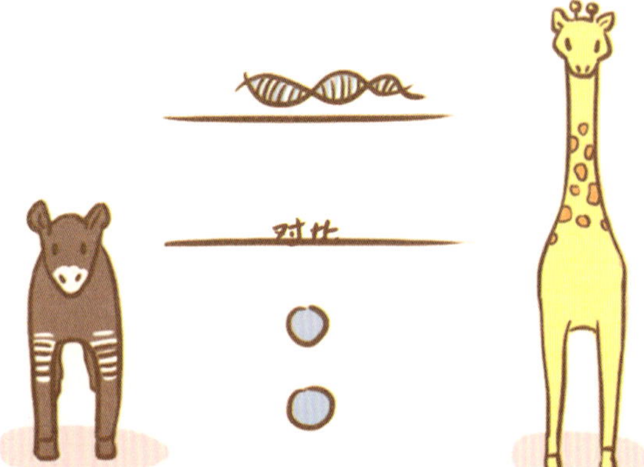

为了弄清楚长颈鹿和霍加狓之间的进化差异，科学家对长颈鹿和霍加狓进行了全基因组测序比对。

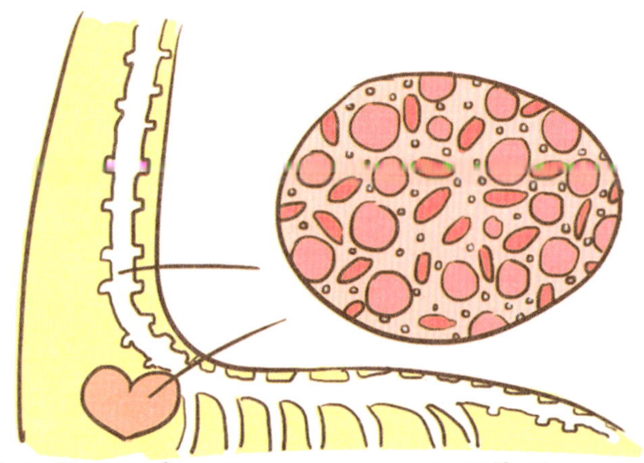

在长颈鹿基因组中已发现70个独特或差别较大的基因。大部分与生理机能的进化有关，特别是骨骼系统和心血管系统。

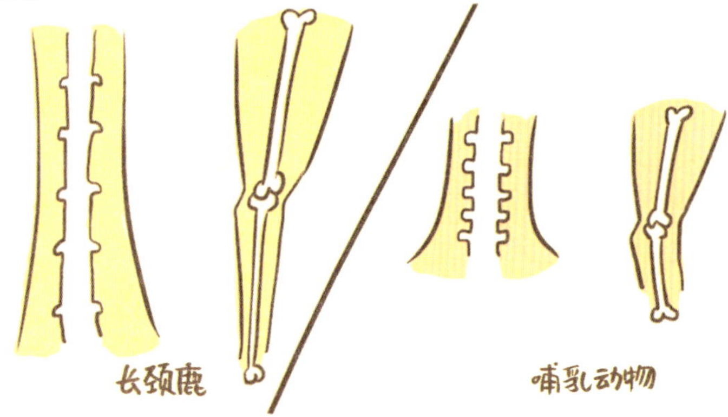

长颈鹿脖子和腿部的骨骼数量与其他哺乳动物是一样的，不一样的是骨骼的长度。

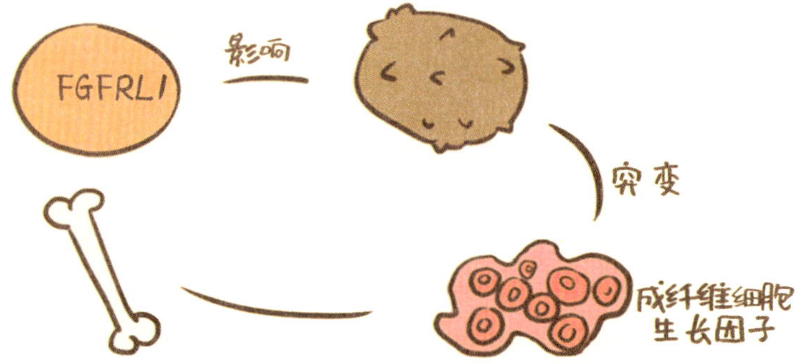

科学家在长颈鹿基因组中找到了造成这种巨大差别的基因：FGFRL1基因。它参与了骨骼发育生物学过程的调控。

科学家还鉴定出了与长颈鹿脊椎和腿部发育密切相关的4个homobox基因，这些基因也与其他哺乳动物差别很大。

正是这些基因的变化造就了长颈鹿的长脖子和大长腿，以及拥有涡轮增压式的心血管系统。

“这些基因哪怕只发生了小小的变化，也足以改变长颈鹿的适应能力。”生物学家说。这就是基因魔法师的神奇魔法。

温顺的喵星人
请谈谈你是如何心甘情愿做一枚“铲屎官”的？
……还用说嘛，你看它。
喵~

大约一万年前，勤劳的人类过上了丰衣足食的日子。

一些小动物被吸引过来。

野猫逐渐在“寄生”的环境中获得优势，于是它们某些基因逐渐得到加强，从而变得不怕人。

最初，当人类触碰野猫时，野猫会立刻蹦跳起来。

猫猫的内心独白："可是，我好想吃他手里的食物。"

猫猫终于下定决心蹭饭。

猫猫："可是，我好怕忍不住我的恐惧和愤怒啊！"

放心吧，你大脑内掌控恐惧条件反射的PCDHA1和PCDHB4基因已发生变化，你不会轻易害怕与暴怒了。

猫猫："真的吗？我真的仿佛能感觉到，她看我的眼神，抚摸我的感觉，都不一样了。"

对呀，你体内感受信息素能力的犁鼻受体的功能基因组也得到增强了。

总而言之，为了让你顺利留下来，你的基因们可是煞费苦心。

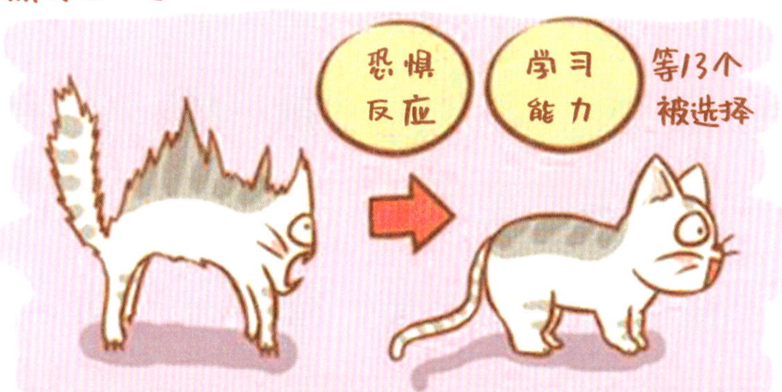

野猫从野性变得温顺的过程中，有13个与恐惧反应和学习能力相关的基因被选择下来了。

甘当铲屎官~!

吃不胖的宠物猪

宠物小猪与正常的猪体内最大的差异之一是垂体特异性转录因子PIT-1基因。这个基因上有些位置的碱基发生了变化，小猪的体型就会一直保持在娇小状态，再也不会长大了。

大白猪呼哧呼哧，满头大汗，急得团团转。

小香猪悠闲地看着。

小香猪：“看你这么急，我给你讲讲保持身材的秘诀吧！”
大白猪：“好呀好呀！”

“垂体特异性转录因子PIT-1基因是起决定性作用的基因之一。”

PIT-1基因是咱们哺乳动物的重要调控基因，参与生长激素等基因的表达控制，所以能调节动物的生长发育。

我们香猪天生体型娇小，就是PIT-1基因中有些位置发生了变化。

比如：你们大白猪还有其他正常体型猪在基因的第4、第5内含子上有碱基是鸟嘌呤G。

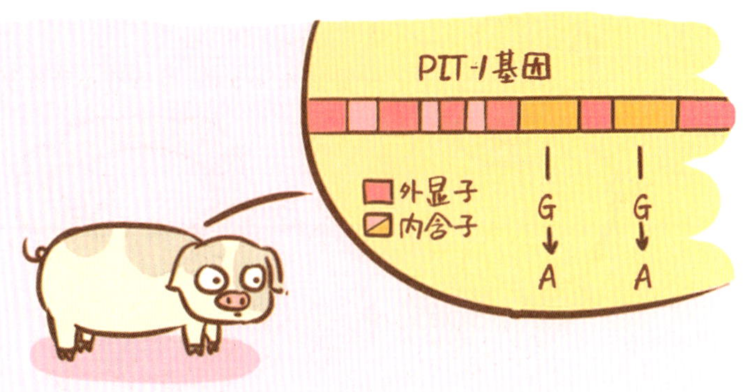

在我们香猪中都变成腺嘌呤A啦！

我们小猪现在已经成了宠物界的新成员了，而且还能用于医疗模型等生物医学研究。

科学家还能通过改变这个基因获得更多的小型动物。

主人抱起宠物小猪：“亲亲小可爱，怎么又到处乱跑，快跟我回家吧。”只留下大白猪在原地暗自神伤。

“我也控制不住我自己呀！”

自己的身材都控制不了，如何控制自己的人生。

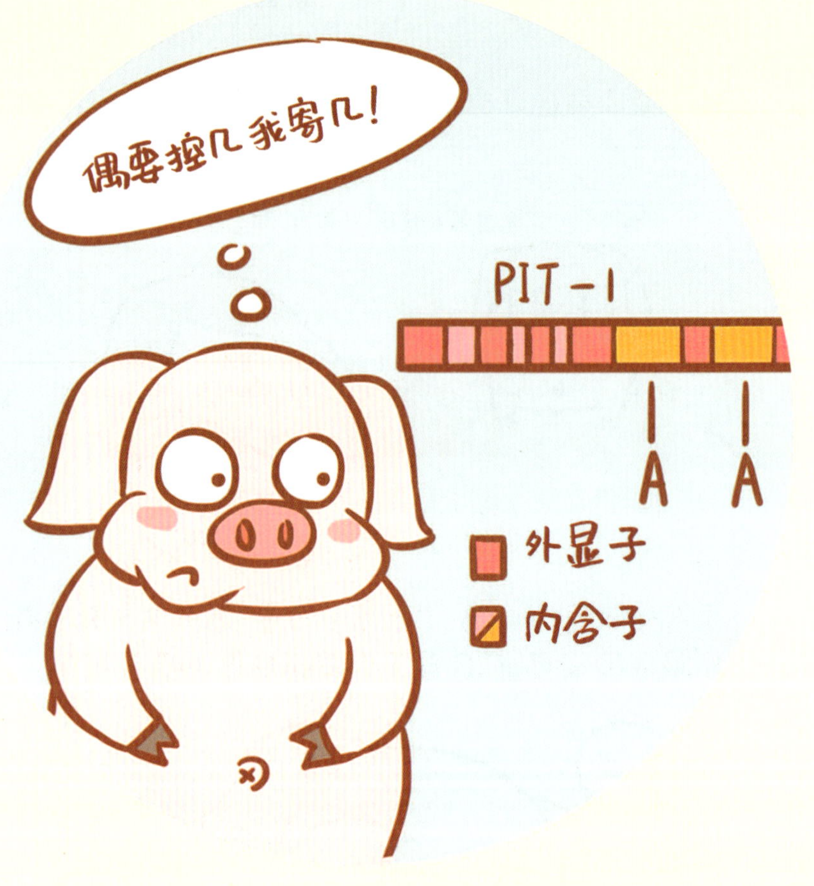

红薯练体记
红薯美味可口有营养，煮红薯、蒸红薯、拔丝红薯，更不要提烤红薯有多美味了！最近科学家有了个新发现，让人大吃一惊！红薯是8000年前自然条件下被一种称为农杆菌的细菌侵染了根部组织，才形成了膨大的块根，它可算是最古老的天然转基因植物了。

红薯选美大赛正在如火如荼地进行着，比比看谁的块头更大，形体更好。

红薯小弟从小就梦想着进入“红薯冠军殿堂”。

成为选美冠军的红薯小弟终于走进了“冠军殿堂”，这里可是记录着红薯一族的发展史呢。

红薯的老祖宗可不像现在块头这么大。

要把身体练成大块头，是在一种特殊的细菌的帮助下实现的。

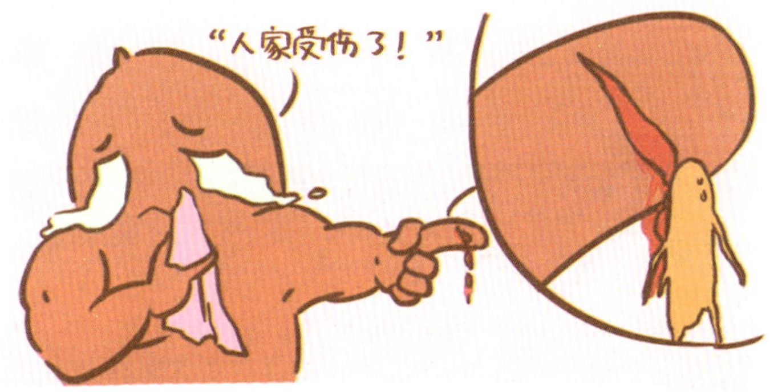

当红薯的根有了小伤口，农杆菌就能进入到红薯细胞里。

农杆菌的基因和红薯的基因融合在了一起。

红薯为农杆菌提供了住处，农杆菌也帮助红薯产生了2种激素，让红薯的根变得更大。

最终形成了“块根”状的红薯。

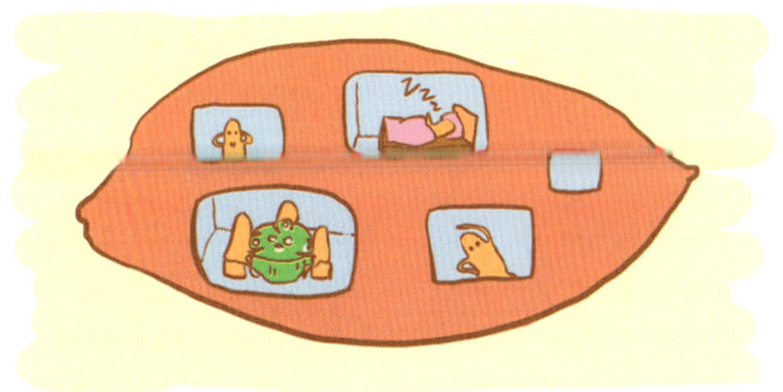

正是由于发生了细菌基因的横向转移，才造就了现在这么美味的红薯。

农杆菌天生的转移基因的能力被科学家发现后，就被用在了科学研究中，创造了新的转基因作物。

学习了发展史，红薯小弟感觉更自豪了！

原来我们红薯在悠久的历史中发生过这么有趣的事情。

现在根本找不到一个没有农杆菌基因的红薯。

农杆菌，向你致敬！

彩色马铃薯

马铃薯，俗称土豆，是老百姓饭桌上最常见的食物之一。马铃薯通常是黄色的，不过中国科学家已经培育出紫色、红色、黑色等五彩优质马铃薯，改良后的品种豆芽眼小，外观好看，抗病性强，亩产可达1000～1500kg。

回想16世纪末，“老土豆”初次踏上欧洲大陆时，可被嫌弃了，原因是这货看上去就很LOW。

“老土豆”长得又土又黄，还满脸疙瘩。

“老土豆”立志要改变现状。马不停蹄地辛勤劳作起来，见土就长，产量不断提升，加之丰富的内涵，立马征服了饥饿的爱尔兰人。

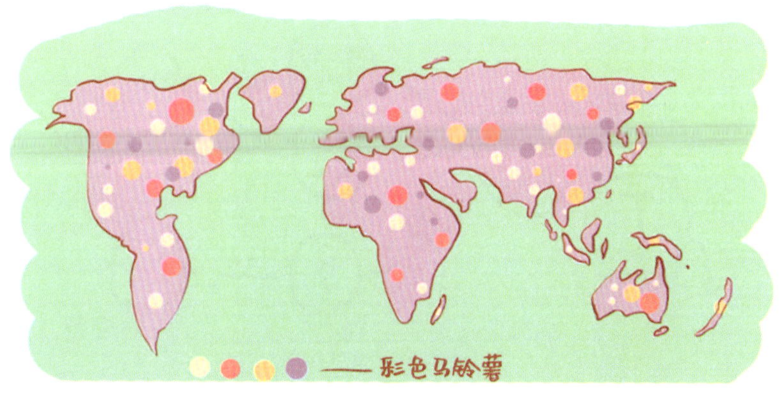

随着“老土豆”的版图遍布世界，马铃薯的子孙们不再是又老又丑的，已经变身为美丽的五彩马铃薯了！

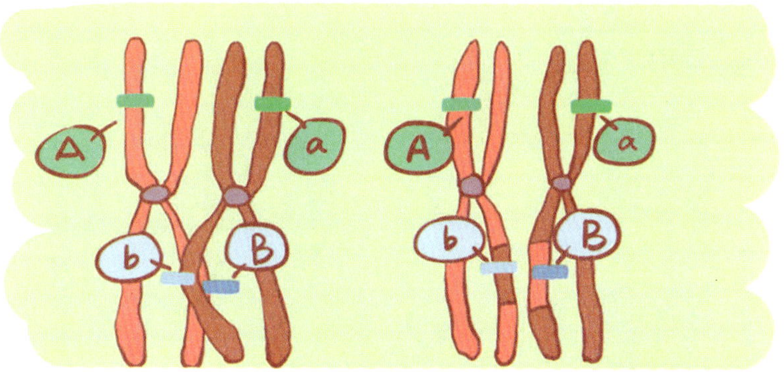

科学家发现，马铃薯的颜色由色素基因控制，这些基因在染色体上都是以一对等位基因的形式存在。

I + (?) =

P + (?) =

R + (?) =

已经发现了I、P、R三个基因的不同组合会形成白、紫、红三种颜色。

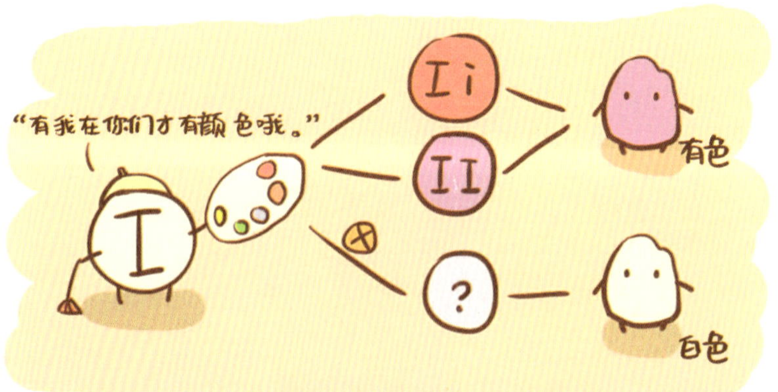

I基因是花青素在块茎皮组织中专一性表达所必需的。有显性等位基因I存在时能够产生有色的花青素，否则就是白色的。

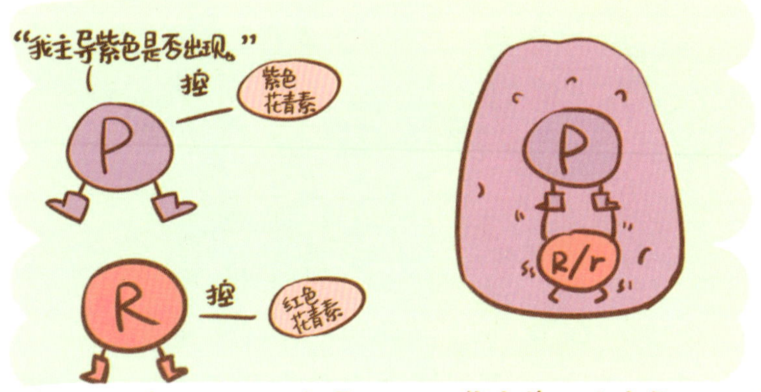

P基因和R基因分别负责调控马铃薯中紫色花青素和红色花青素的产生，且P对于R具有上位性。

科学家已经将I、P和R三个等位基因分别定位于马铃薯的第10、第11和第2号染色体上。

现在已经弄明白了不同颜色马铃薯所对应的基因型是什么。白色马铃薯含有ii基因，与P和R无关。

当II和Ii时，P基因说了算，PP和Pp基因型都是紫色马铃薯，与R还是r无关。

II-pp-RR
II-pp-Rr
Ii-pp-RR
Ii-pp-Rr

P基因是隐性的pp时，RR和Rr基因型就是红色马铃薯了。

彩色马铃薯真是又好吃又好看！

同时具有主秆发达、分枝少，生长势强，抗病性强的特点，亩产最高能达1500kg，比普通马铃薯增产20%左右。

彩色马铃薯抗病性的提高，在生产上还能大大降低农药的使用剂量。真是棒棒哒！

小麦进化史
小麦是世界上最早的栽培植物之一，也是三大谷物之一，起源于两河流域的西亚、北非地区，在人类文明和文化发展进程中起着决定性的作用，迄今仍是世界上大多数国家的基本粮食作物，并且是保证全球粮食安全的基础，也是我国最重要的口粮之一。
一粒小麦
拟斯卑尔脱山羊草
二粒小麦
粗山羊草
普通小麦

我是营养丰富的小麦，是最受欢迎的谷物之一。

我常被磨成面粉，再加工成食品，还能发酵制成啤酒、酒精等。

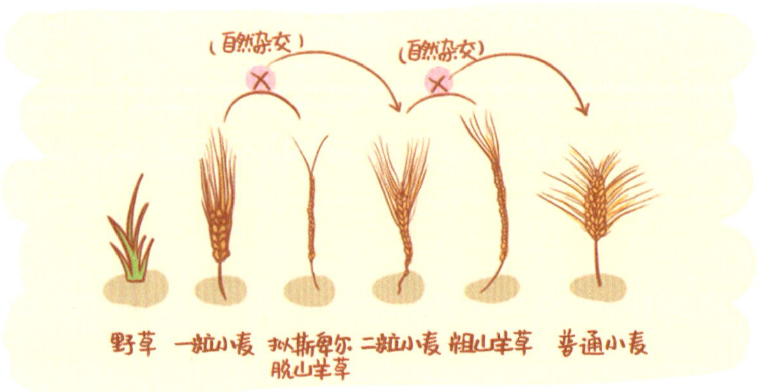

我从一株野生的草进化到现在的模样可是经历了万年的时间。

西亚是我的出生地。

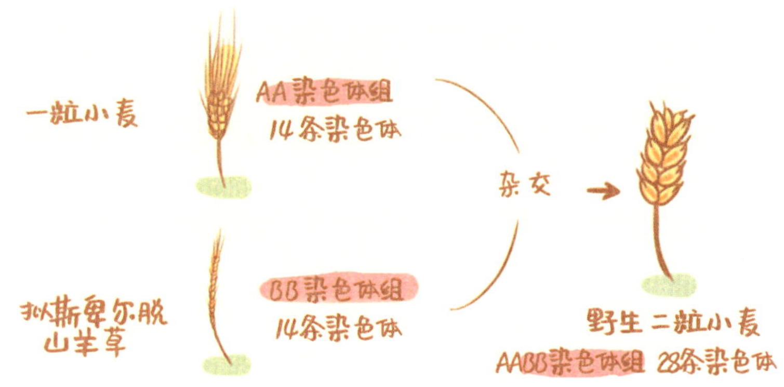

我的祖辈是野生一粒小麦和拟斯卑尔脱山羊草，它们杂交后产生了野生二粒小麦。

中原原始人最早采食野生一粒小麦与野生二粒小麦。

在公元前7000年左右，人类开始懂得农业栽培，开始对野生小麦进行栽培。

公元前6000年，栽培二粒小麦从“新月形沃地”的山区传播到美索不达米亚平原。

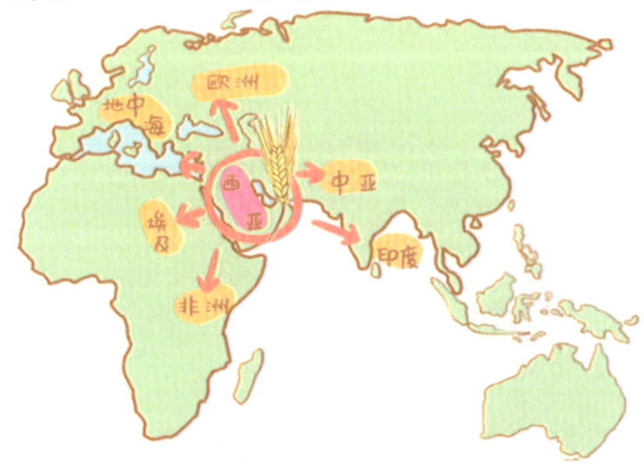

公元前5000年，传播到埃及、地中海盆地、欧洲和中亚，大约在公元前4000年传到印度和埃塞俄比亚。

在人类栽培过程中，经过人工与自然选择，培育出了许多栽培品种，比如栽培圆锥小麦等。

当圆锥小麦在伊朗西北部以及高加索等地区栽培以后，与田间杂草具有DD染色体组的粗山羊草发生天然杂交。

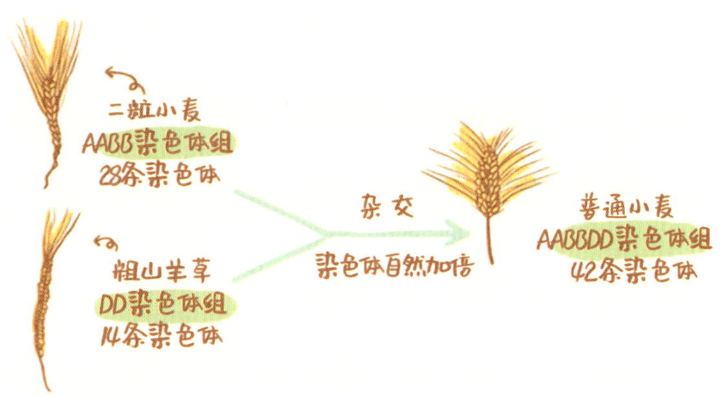

再经天然染色体加倍形成六倍体的普通小麦混杂在二粒小麦当中。

性状优良的被挑选出来，世世代代终于形成普通小麦。

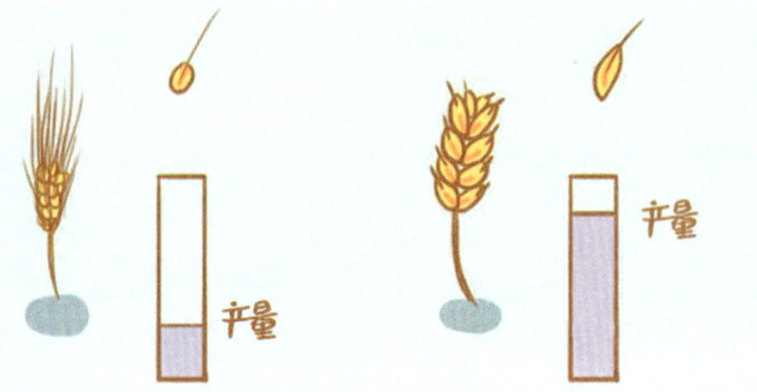

一粒小麦为单粒麦，产量低，脱粒时麦粒无法与壳分离。
二粒小麦颖果紧包于稃体内，成熟时不脱出，产量提高。

小麦后续的驯化过程中又发生二倍体化，同时也伴随着基因组的变化和选择。

正是通过远缘杂交（distant hybridization）成就了现代小麦，小麦的进化史就是一部远缘杂交史。

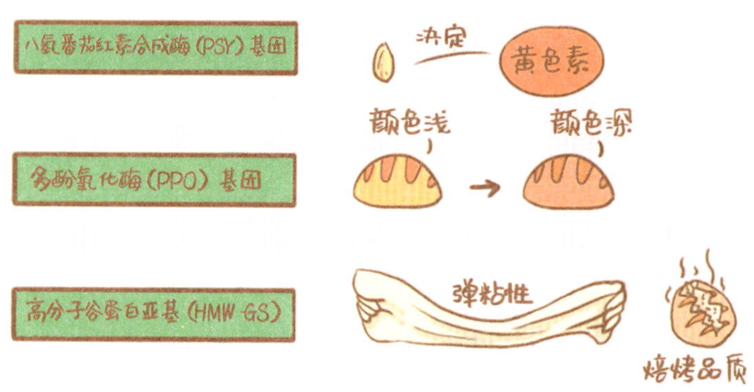

科学研究发现，小麦的各种品质性状都和基因相关。

通过对应不同品质性状的基因功能，就能辅助育种，提高选择率，获得想要的小麦品种，让我们的生活越来越丰富。

小贴士：农业生态系统

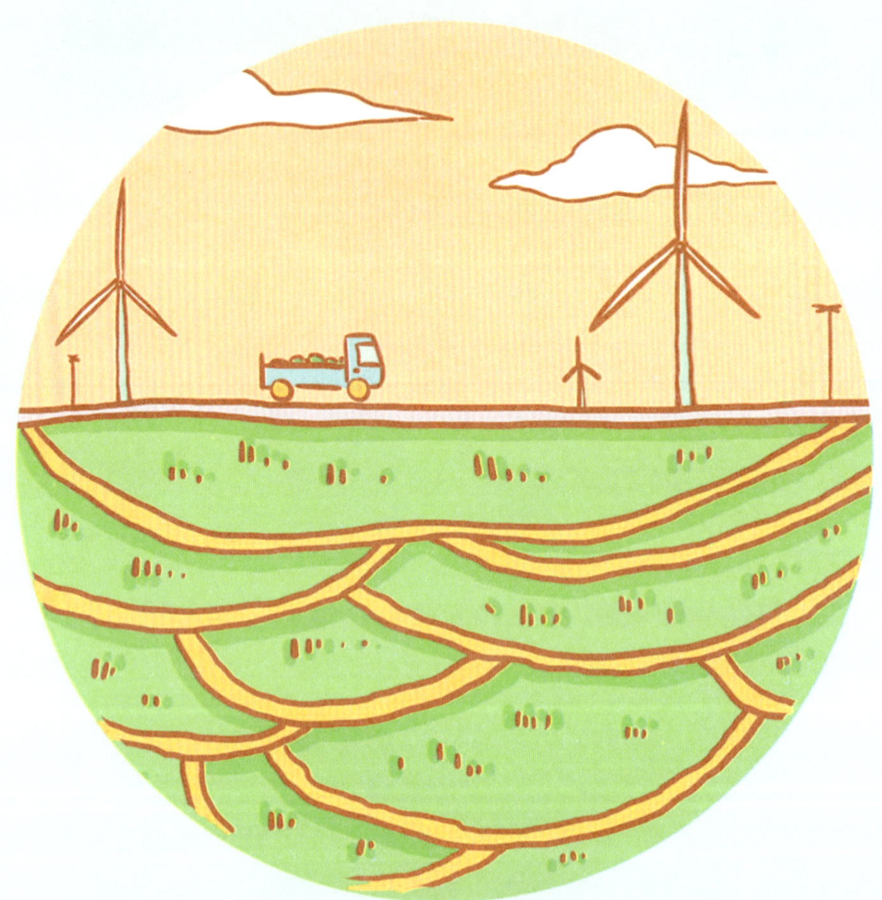

农业不是一种自然生态系统，是人类生产活动干预下形成的人工生态系统。农作物的进化不仅有自然的选择，还有人工的选择，才让它们成为了现在的模样。

魔法动物制药厂

应用重组DNA技术，科学家提出了动物乳腺生产重组蛋白的思路。现在，乳腺生物反应器已经有了广泛而成熟的应用，为低成本、大规模、高效率的生产具有重要营养、保健和医药价值的目的蛋白提供了新途径。

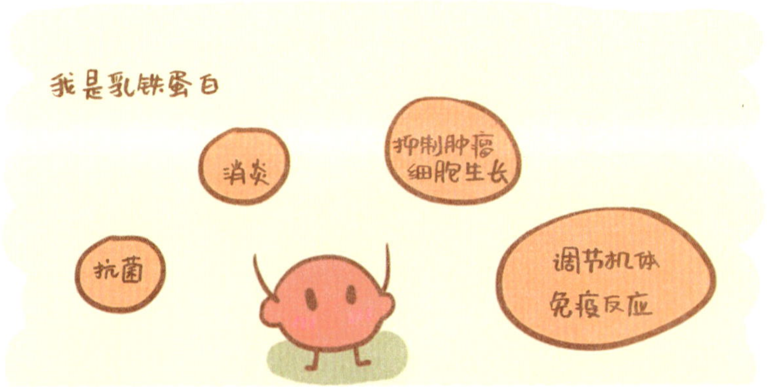

我大多生活在动物初乳中，是一种多功能蛋白质。我们功能强大，可以抗菌、消炎、抑制肿瘤细胞生长及调节机体免疫反应等。

我抗菌、消炎、抗病毒，样样都行！

我是体内重要的天然抗凝蛋白，控制着血液的凝固和纤维蛋白的溶解。

乳铁蛋白："我们是一个新集体，你们知道为什么吗？"

让我们一起进入今天的动物工厂，看看现在的新科技吧。

1985年，科学家Lovell-Badge最早提出用转基因动物乳腺生产重组蛋白的思路。

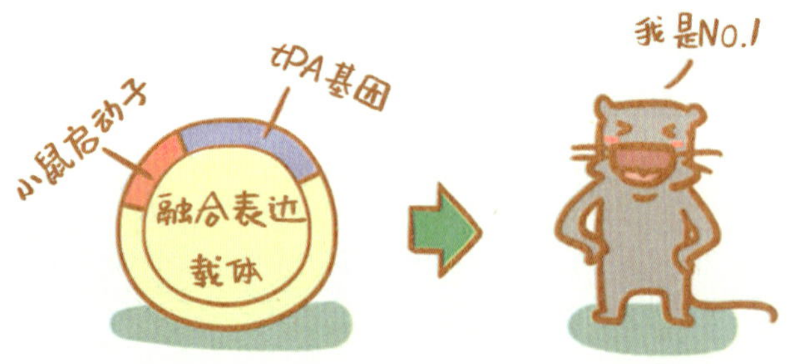

1987年，科学家Gordon从人组织纤溶酶原激活剂（tPA）基因与小鼠乳清酸蛋白基因启动区构建成融合表达载体，研制出首例乳腺生物反应器小鼠模型。

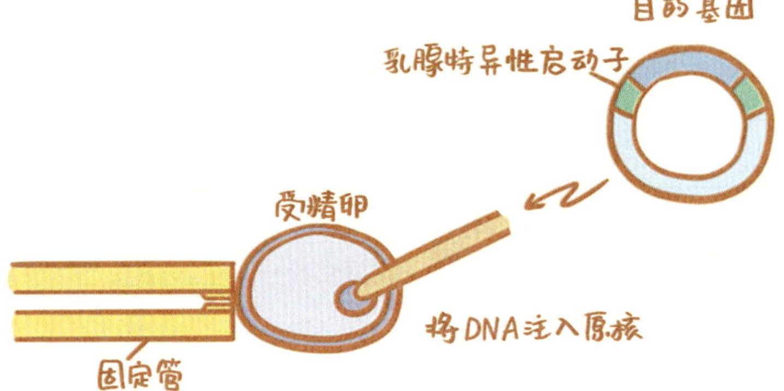

乳腺生物反应器的基本原理是应用重组DNA技术将要表达的目的基因置于乳腺特异性调控序列之下，构建为融合基因载体。

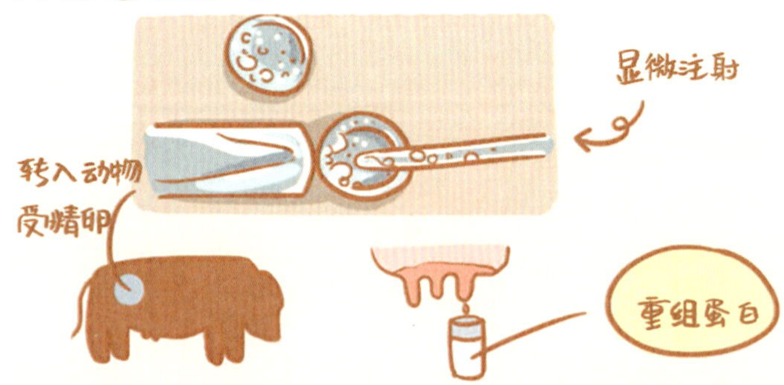

然后通过显微注射技术转入哺乳动物受精卵或胚胎干细胞中，再植入宿主体内。当转基因动物个体长成后，就可从其乳汁中提取出具有生物活性的重组蛋白。

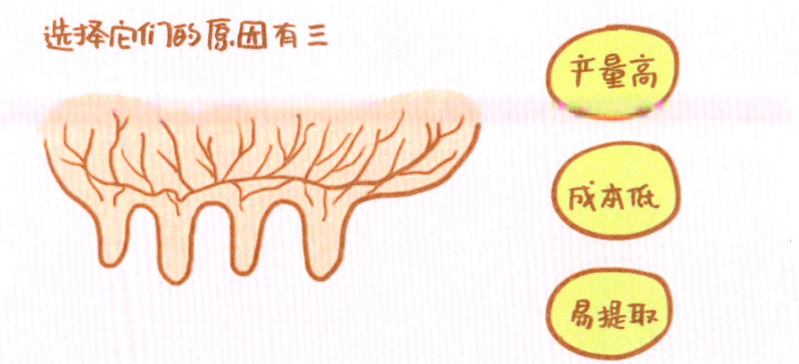

第一，哺乳动物的乳腺是高度分化的腺体，乳腺生产药用重组蛋白产量高、成本低、易提取。

第二，能够对表达的蛋白质进行大规模复杂而专一的翻译后修饰，并正确折叠为有功能的构象，生产出的药用蛋白有活性。

第三，乳腺是一个外分泌器官，乳汁不会进入体内循环，乳汁中表达的外源蛋白不会对转基因动物的生理和发育产生影响。

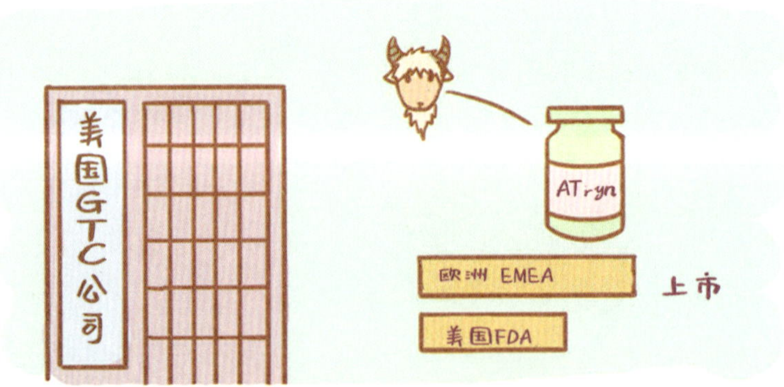

2006年，美国GTC公司开发的利用山羊乳腺生物反应器生产的重组人抗凝血酶Ⅲ（商品名ATryn），成为首个被欧洲药品管理局（EMEA）和美国食品药品监督管理局（FDA）相继批准上市的生物工程药物。

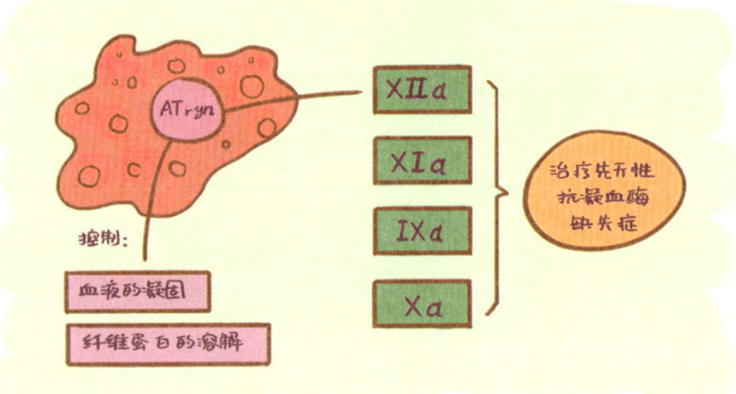

ATryn控制着血液的凝固和纤维蛋白的溶解，是多个含丝氨酸蛋白酶的抑制剂。

经过几十年的发展，全球至少已建立20家以上的大型生物公司开展乳腺生物反应器的研发工作。

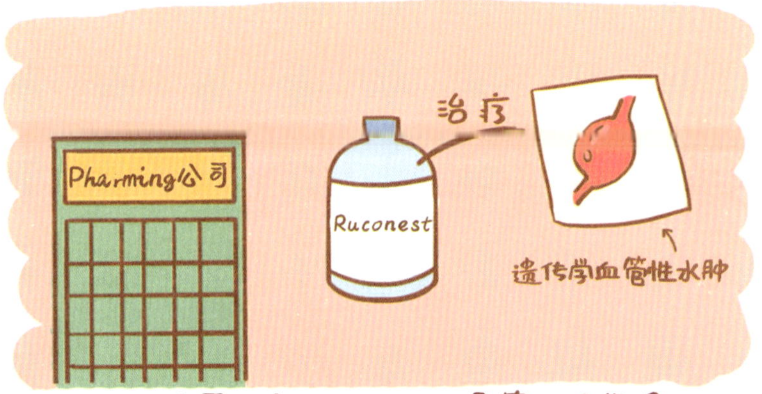

Pharming公司开发的Ruconest是第二种获得EMEA批准的基因工程药物，用于治疗遗传学血管性水肿。

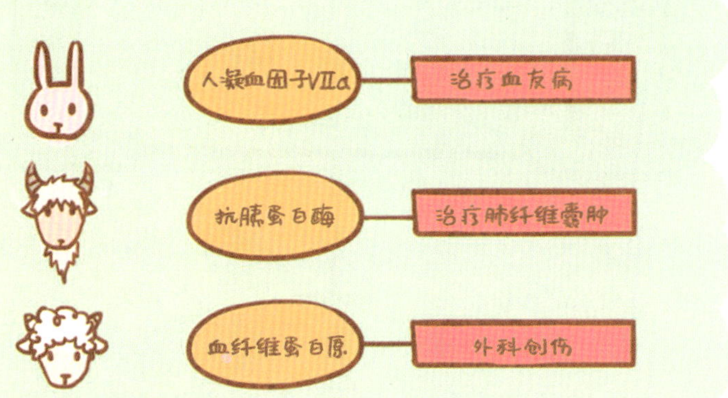

其他公司也分别利用兔、山羊、绵羊等进行重组蛋白的表达，陆续有多种具有临床治疗价值的药用蛋白进入临床试验。

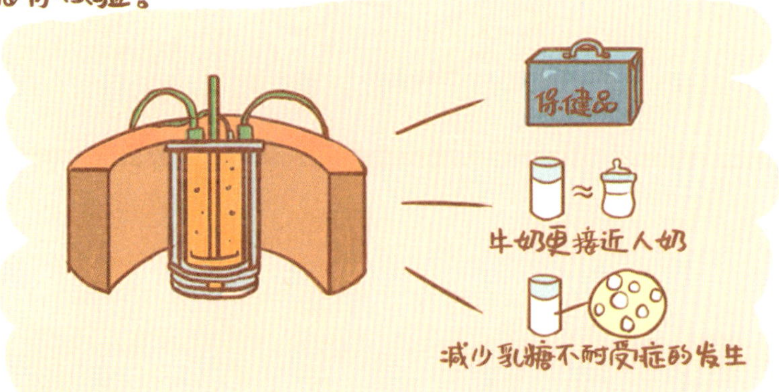

乳腺生物反应器也可以用来生产营养保健品，改善乳品质。

喝奶治病将不再是梦想了！

黄金大米战士
健康的前提是营养均衡，如果缺乏维生素A严重的
会导致失明。为解决人类饮食不均衡造成维生素A
缺乏症，科学家研究出富含β-胡萝卜素的金色大米，
一个6至8岁儿童每天吃50g大米就可以获得维生素A
需求量的60%。
“我的意中人是个盖世英雄，有一天他会披着金色战袍来迎接我”

黄金大米开心地唱着。它身着金色战袍，金色来自于高含量的β-胡萝卜素，能够在体内转化为维生素A。一想到自身强大的营养功能，黄金大米就觉得很自豪。

白大米虽然有点嫉妒黄金大米，可还是为黄金大米的未来而担心。

黄金大米一听，独自泪目。把白大米培养成黄金战士可是花费了很多科学家的力量啊。

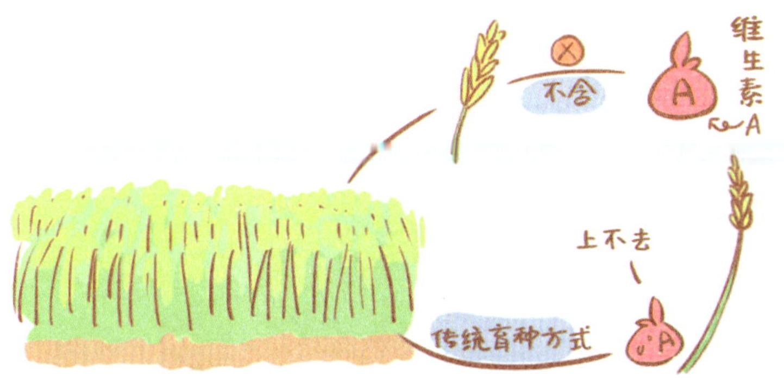

全世界有一半人口以水稻为主食，可是稻谷中不含维生素A，用传统的育种方式也很难获得高维生素A的品种。

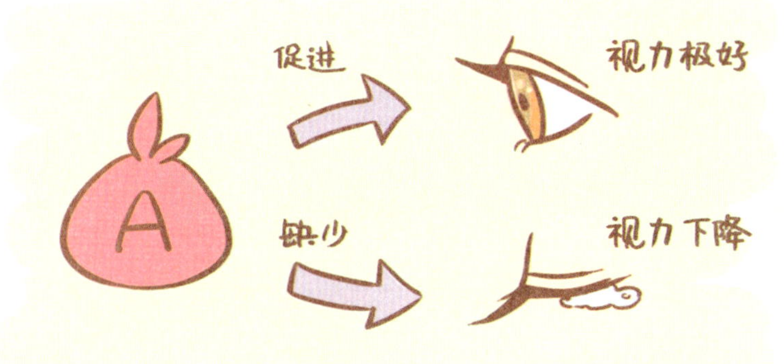

维生素A是一种重要的营养素，可以促进眼睛内感光素形成，因此缺乏维生素A会造成视力减退，严重时会导致失明。

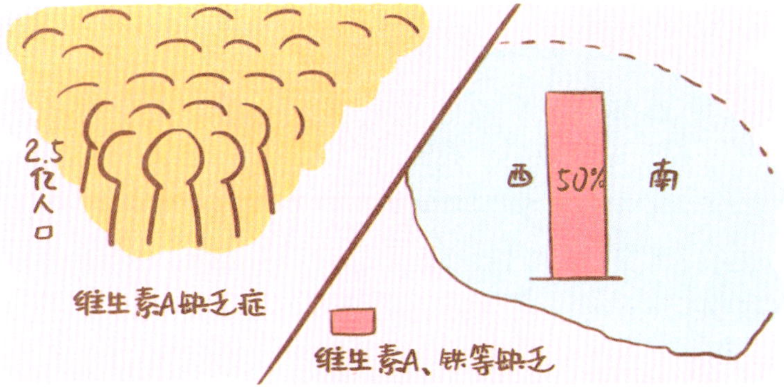

全世界大约2.5亿人口受到维生素A缺乏症的威胁，这些人口多是贫困人口，不能获得丰富的食物和药物补充剂。我国西南地区的维生素A和铁缺乏症比例高达50%。

为解决大量人口的营养问题，科学家提出了"生物强化"解决方案。那些贫穷人口只要日常食用强化食物，就能逐步改善营养，又不会额外增加生活成本。

这就是科学家想在大米中培育黄金战士的初衷，它凝聚着无数专家学者的人道主义理想。

1984年，苏黎世联邦理工学院的伯特利库斯教授最早开始了这项研究，一直干到退休，终于在2002年获得了第一代"黄金大米"。

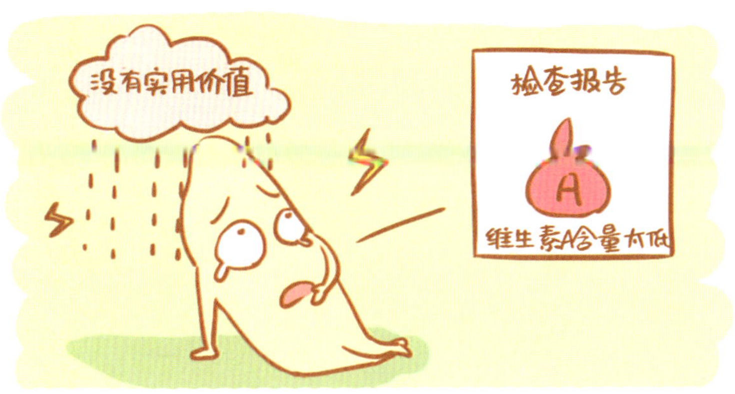

令人遗憾的是，第一代"黄金大米"的维生素A含量太低，没有实用价值。

研究还在继续，美国先正达生物技术公司在2005年，通过转基因技术将来自玉米的胡萝卜素转化酶系统转入到大米胚乳中获得了第二代"黄金大米"。

每人每天只要吃不到100g"黄金大米"就可以满足全天对维生素A的需求。

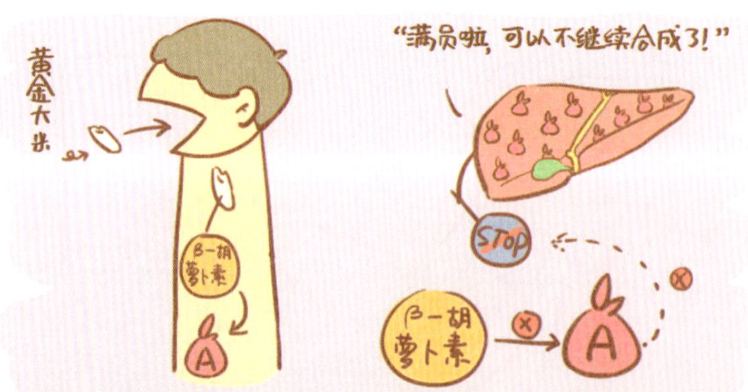

人食用“黄金大米”后首先吸收的是β-胡萝卜素，然后人体将其转化为维生素A。如果摄入过多，肝脏在合成足够数量的维生素A后便不会再合成。

因此利用胡萝卜素来补充维生素A的途径是非常安全的，这一点是直接补充维生素剂所不具备的。

“我是大米中的黄金战士，随时准备参加到与维生素A缺乏症的战斗中!”

"黄金大米"一直以来饱受争议，认为"黄金大米"是大公司把持专利谋取商业利益的阴谋。

"黄金大米"涉及近百项专利技术，为扫清专利障碍，"黄金大米"所涉及的所有专利持有人均宣布无偿捐献专利权。

"黄金大米"是一个集世界科学家智慧的人道主义项目，不愧被评价为"一个世纪以来最伟大的发明之一。"

“我为民造福的愿望就要实现啦！”

2017年8月3日，澳大利亚、新西兰食品标准局完成了对黄金大米的食品安全评估。

2018年3月16日，加拿大批准黄金大米GR2E用于食品。

2018年5月24日，美国批准黄金大米可以安全食用。

环保的植酸酶玉米

科学家把一个外源植酸酶合成基因导入到玉米的基因组，使玉米能够直接表达植酸酶来分解植酸，释放出可以利用的磷酸。这样，鸡和猪就能充分获取玉米中的磷营养，大大提高了磷的利用率，而且排出的粪便里也少了不能消化吸收的磷，高效又环保。

小狗汪汪看着猪圈里瘦弱的猪大哥。

猪哼哼有气无力。

“主人主人，家里的小猪小鸡
都生病了，您快去看看。”

小狗汪汪着急了，赶紧告诉主人。

兽医告诉主人，缺磷初期畜禽会腿软，站立困难；严重时会瘫痪，直至不能进食和饮水导致极度消瘦，衰竭而亡。

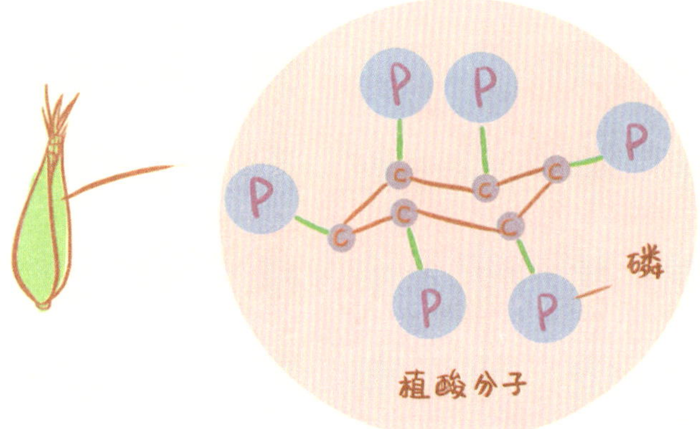

“你们的饲料里可不能只有玉米呀！”玉米里的磷很多，可都存在于一种叫“植酸”的分子里，猪和鸡都不能吸收，所以还要另外补充磷才行！

现在科学家已经研究出新型转基因玉米，可以解决这个问题啦！

为什么玉米里的磷营养不能被鸡和猪所利用，这就要从一万年前它们的祖先讲起。

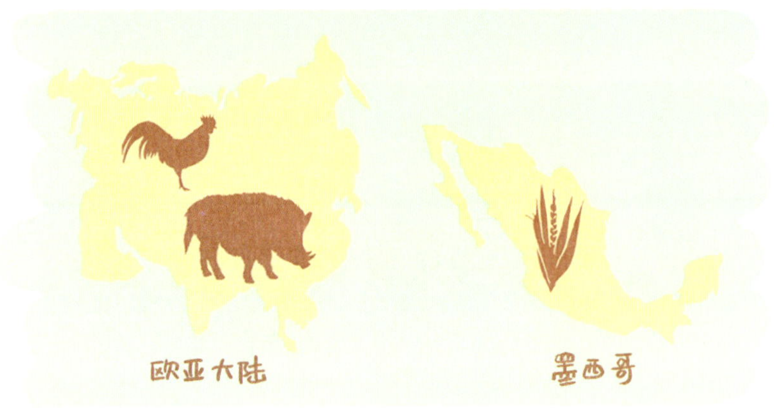

原鸡和野猪幸福自在地生活在欧亚大陆，在海的另一边，中美洲的墨西哥陆地上类蜀黍朝气蓬勃地生长着。

原鸡和野猪都是杂食动物，却没有吃过另一块大陆上的类蜀黍，所以并没有进化出充分吸收这种植物籽粒营养的本领。

后来，人类驯化了原鸡、野猪和类蜀黍，世界各地都能见到它们的身影。而类蜀黍，也就是现在的玉米产量高，常用来作饲料。

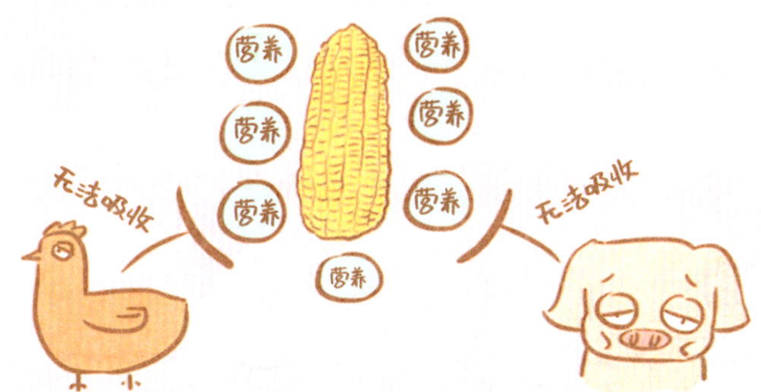

可是鸡和猪不能充分利用玉米的营养成分，只吃一种就容易营养不良。

而且玉米饲料中不能被利用的磷还会随畜禽粪便排到自然环境中造成污染，特别是水体污染，“水华”就是由此造成的。

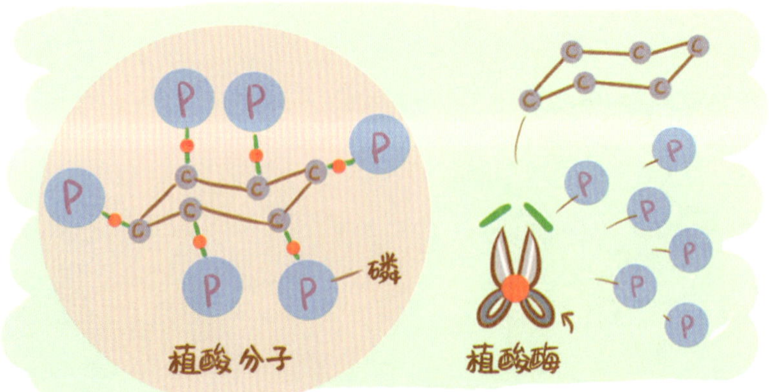

科学家发现了一种叫做植酸酶的蛋白质能够把植酸分解成一分子的肌醇和六分子的磷酸，释放出可以利用的磷。

“妈妈再也不用担心我缺磷了！”

于是，科学家仔细挑选了一个安全的植酸酶基因导入到玉米基因组中，玉米就能够自己表达植酸酶分解植酸，而不用额外向玉米饲料中添加磷了。

鸡或猪吃了这种玉米饲料，大大提高了磷的利用率。

这样不仅节省了成本，又增进了畜禽对铁、锌等元素的吸收，还有效减少了粪便对环境造成的污染，可谓一箭三雕。

转植酸酶基因玉米是我国科学家自主研发的转基因作物，国际上无同类产品，并且已经经过了严格规范的安全评价试验。

“希望它能尽快推广应用，为发展绿色养殖业做出贡献！”兽医衷心地说道。农场的主人也默默点头。

用绿色生产模式代替工业化生产模式。

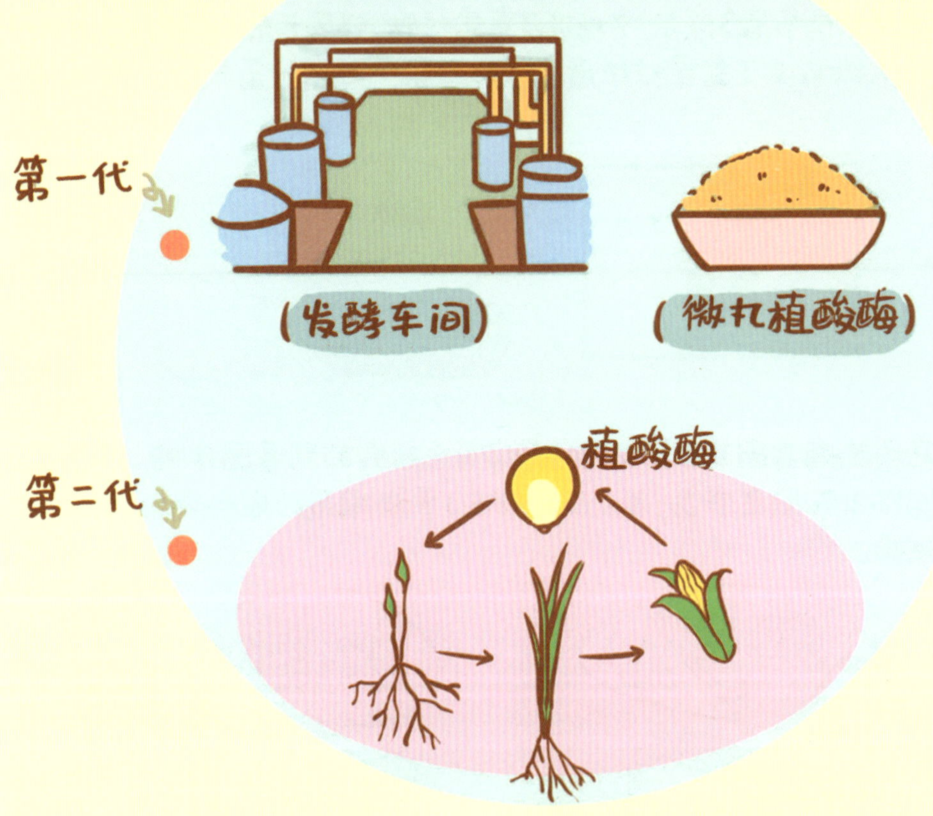

真菌灭蚊记
一入夏，耳边嗡嗡作响，蚊子就是
挥之不去的噩梦。不仅如此，蚊子还是
传播疾病的罪魁祸首。为此，科学家
专门对一种真菌进行了基因改造，
使其能够分泌蝎子毒素和蜘蛛毒素，可有效
杀灭蚊子，并且对人体和自然环境无害。

蚊子大军："疾病传播谁争锋？等着我们称霸全球吧！"

"兄弟们，杀虫剂来啦！带好装备，出发！"

"想阻挡我们的脚步，没门！"

蚊虫肆虐，可能导致各种疾病：疟疾、登革热、黄热病、病毒性脑膜炎等。

“我来也！小样，还不赶快现出原形！”

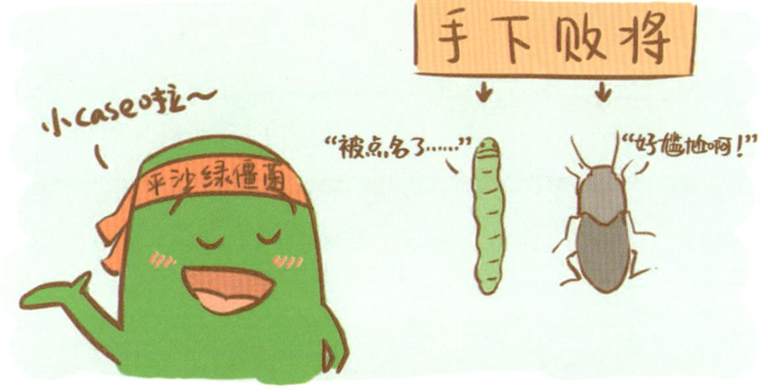

我就是大名鼎鼎的无公害真菌杀虫农药。卷叶虫、竹林金针虫等，都是我的手下败将。

我们绿僵菌是能寄生在好多昆虫害虫中的虫生真菌，致病力强，效果好，对人、牲畜、作物还有害虫天敌都没毒，是生物防治的好帮手。

平沙绿僵菌与蚊子激烈战斗起来。

平沙绿僵菌："累死了！"

我们绿僵菌要出动大军长时间作战才能消灭蚊子。我要变得更强大才行。

平沙绿僵菌请求支援，科学家念其一番苦心，对它进行了基因改造。

变身后的平沙绿僵菌能够分泌一种或多种神经毒素，包括蝎子和蜘蛛的毒素。

平沙绿僵菌："哈哈，我又来了，认输吧！"

5天后

5天后……

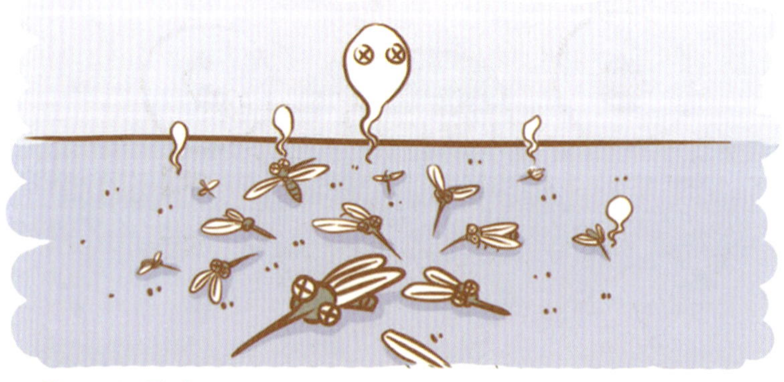

平沙绿僵菌胜利！打败90%的蚊子，成功阻止了疾病的传播！

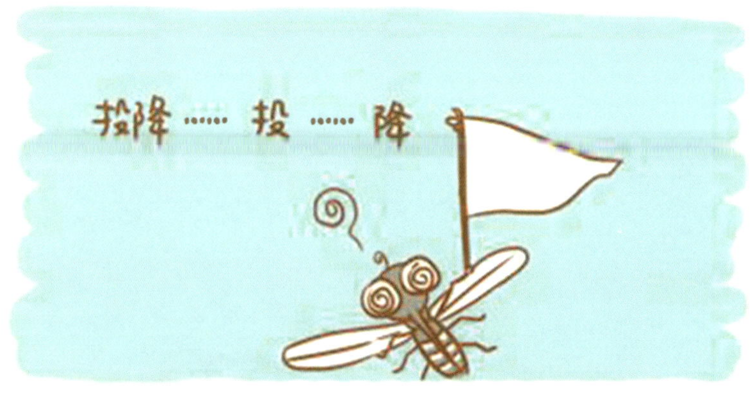

蚊子高举白旗："我们投降了！"

为确保安全，科学家在进行转基因操作时加入了一段特殊的DNA代码，它能起到开关作用。

毒素基因只在蚊子血液中才能被激活，避免毒素进入自然环境。

下面给大家介绍绿僵菌团：

大哥蝗绿僵菌，主要镇守中国，防治草原蝗虫，蝗绿僵菌孢子加工成的Green Muscle制剂，在澳洲、非洲成功用于飞蝗防治。

二哥蝗虫绿僵菌，主要镇守北美，防治蚱蜢。

送你一朵蓝玫瑰

蓝色，纯粹而独具魅力，让人梦想着能有一朵蓝玫瑰。然而普通的玫瑰没有可以产生蓝色色素的基因，因此，英语中的"bluerose"就有"不可能"的意思。科学家总是拥有神奇的力量，他们最终做到了，是怎样做到的呢？让我们一起来揭开神秘面纱吧……

漫山遍野的红玫瑰竞相绽放，花香四溢。

花蝴蝶落在红玫瑰的花蕊上，欲言又止。

红玫瑰："你怎么了？是不是有什么心事？"

花蝴蝶："我昨天飞到远方，看到了一片蓝色的花海，好美啊！"

花蝴蝶嘴里说着，脑海里全是蓝色勿忘我的身影。

"可是你们玫瑰，怎么没见到过蓝色的呢……"花蝴蝶越说越小声。

从此，红玫瑰每天不断地问路过的人："你见过蓝色的花吗？蓝色的勿忘我，听说它很美很美，到底有多美呢？"

红玫瑰每天默默地祈祷："请让我也拥有蓝色的花朵吧。"

功夫不负有心人，红玫瑰终于打听到，科学家正在招募愿意投身实验的花儿。

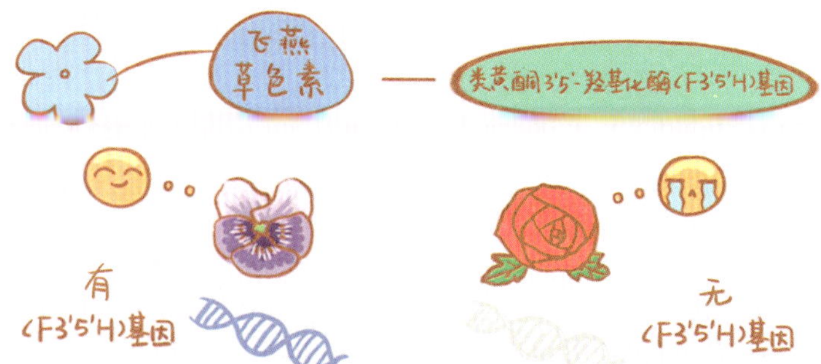

科学家研究发现，植物的花呈现出蓝色，是因为生成了蓝色的飞燕草色素，它合成的关键基因是类黄酮3'5'-羟基化酶（F3'5'H）基因。

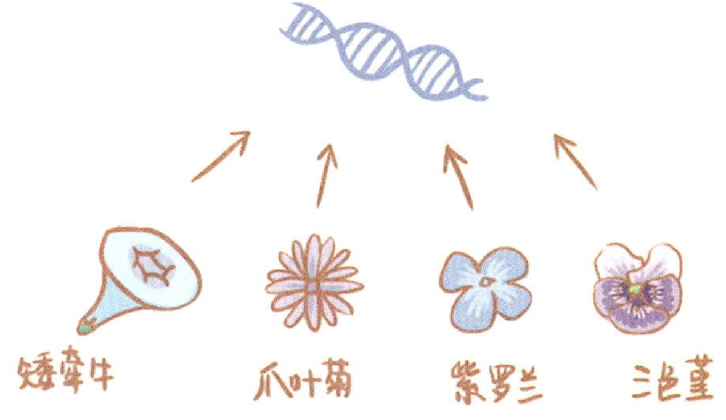

科学家凭借高超的技巧，已经从许多蓝色花朵植物中分离得到了这种蓝色基因。

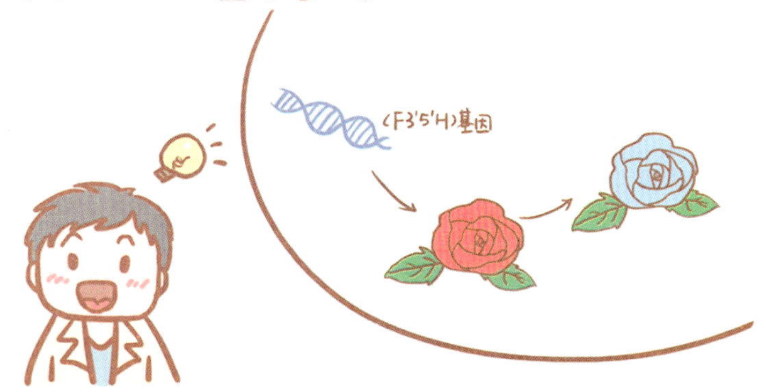

"只要将这种蓝色基因转入到玫瑰花中，就可以培育出转基因蓝色玫瑰花啦。"科学家告诉红玫瑰。

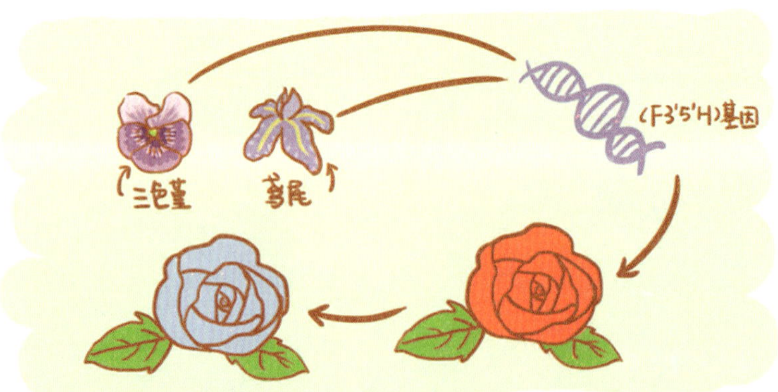

经过20年的努力，日本科学家利用基因工程手段将三色堇和鸢尾中的F3'5'H基因转入了玫瑰，于2009年培育出了蓝玫瑰。

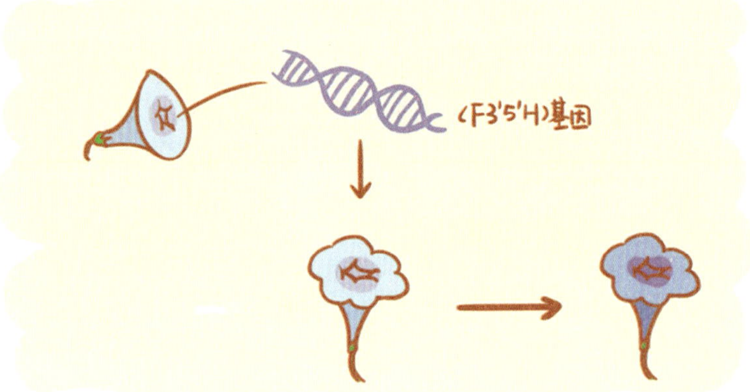

另外，科学家还将矮牵牛的F3'5'H基因转入到一种突变型矮牵牛中，获得了颜色更深的蓝色矮牵牛。

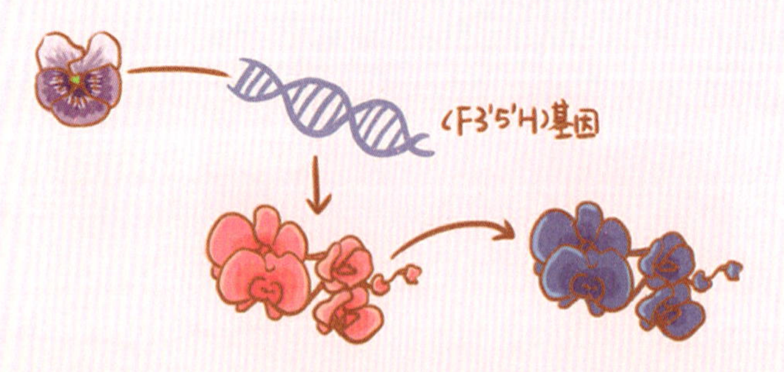

将三色堇的F3'5'H基因转入蝴蝶兰中，解决了蝴蝶兰中缺乏珍贵的蓝色品种的缺陷。

除此之外，还培育出了蓝色百合花、蓝色康乃馨、蓝色月季等多种名贵花卉。

现在，蓝色康乃馨已经在日本和澳大利亚上市，蓝色玫瑰在美国、日本和加拿大上市了。

“我也能开出蓝色的花朵了！”开心的玫瑰已经盘算着怎么给花蝴蝶一个惊喜了。

科学，让一切皆有可能。

会造血的水稻

血清白蛋白是重要的血浆替代物，长期依靠从血浆中提取，临床应用供应不足。中国科学家杨代常团队历经12载春秋的艰难攻关，终于让水稻造出血来！这种植物源重组人血清白蛋白的纯度达到99.9999%，符合进入临床试验安全、有效、质量可控的要求。

缺！缺！缺！

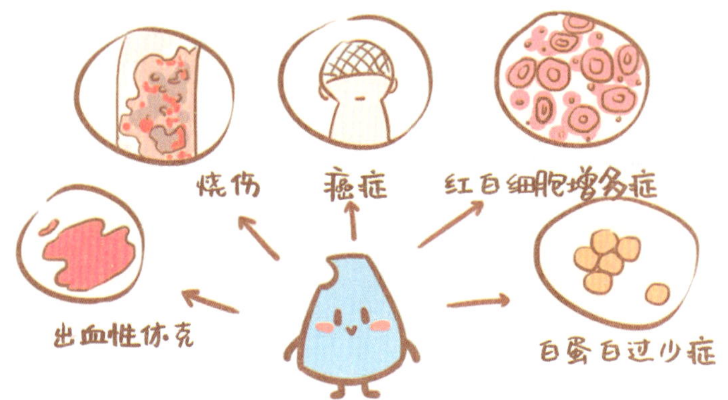

人血清白蛋白HSA是血浆中的重要蛋白质，经常作为血浆扩容剂广泛用于临床医疗中。

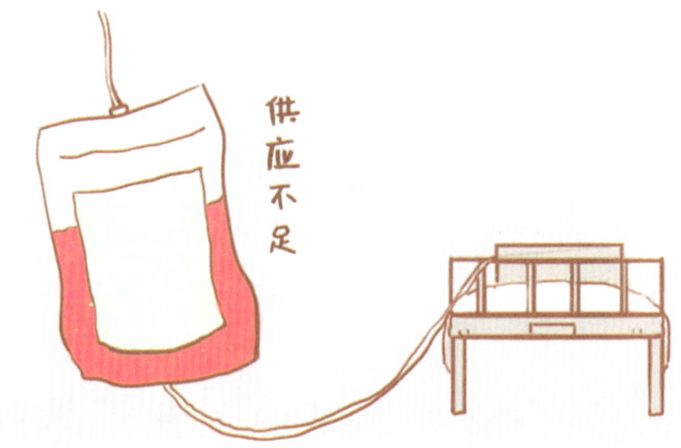

临床供应长期依靠血浆提取，很难达到每年临床应用的需求。

"来，给你们分配任务咯！"

自1987年起，科学家就着手在细菌、酵母、动物细胞和植物等宿主中进行了大量的探索和尝试。

也取得了一定的进展。

"饶了我们吧！"

但细菌、酵母、动物细胞在表达重组HSA并生产应用上各有缺陷，它们都难以担此重任。

为了解决这个难题，科学家们冥思苦想。

经过实验，科学家发现水稻是一种非常好的植物生物反应器。

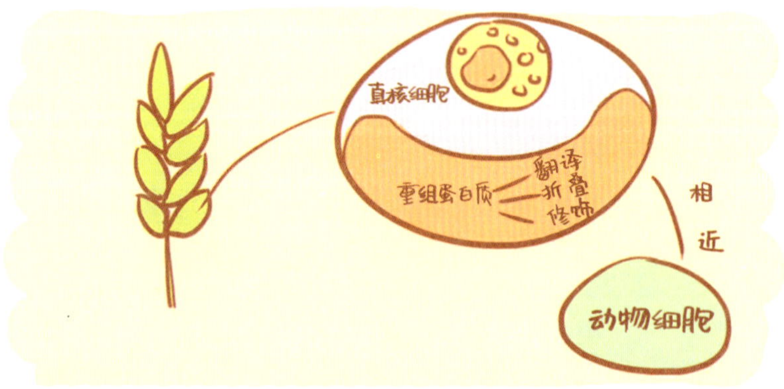

水稻的胚乳细胞具有完整的真核细胞蛋白质加工体系，重组蛋白质的翻译、折叠和修饰都与动物细胞十分相近。

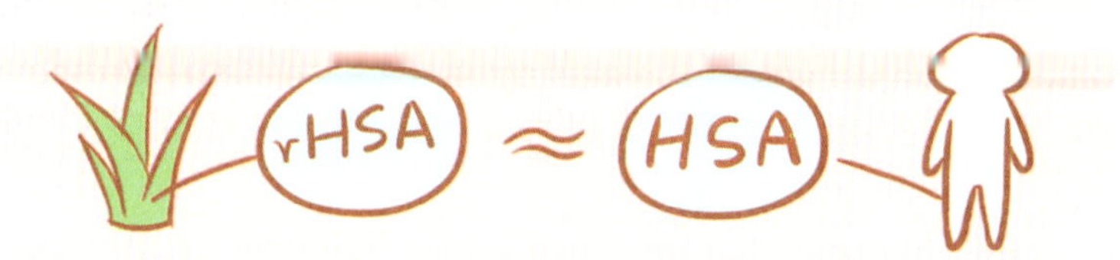

“终于等到你！”

而且经实验证明，这种植物源rHSA和来自人血浆的HSA在化学、物理特性、医学及免疫反应中的表现等方面几乎是等同的。

如果实现规模化生产，水稻提取人血清白蛋白将逐步取代血浆，可以大大缓解血荒。

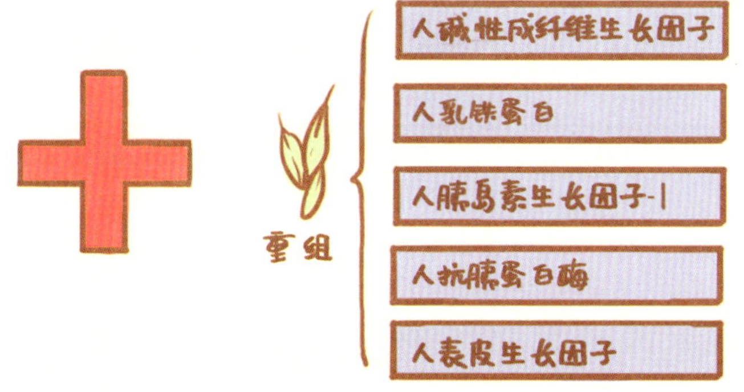

除了重组人血清白蛋白，现在利用水稻还实现了许多重组蛋白药物的表达，这已成为了生物医药的重要发展方向之一。

植物生物反应器：让植物生产有用的药用蛋白。

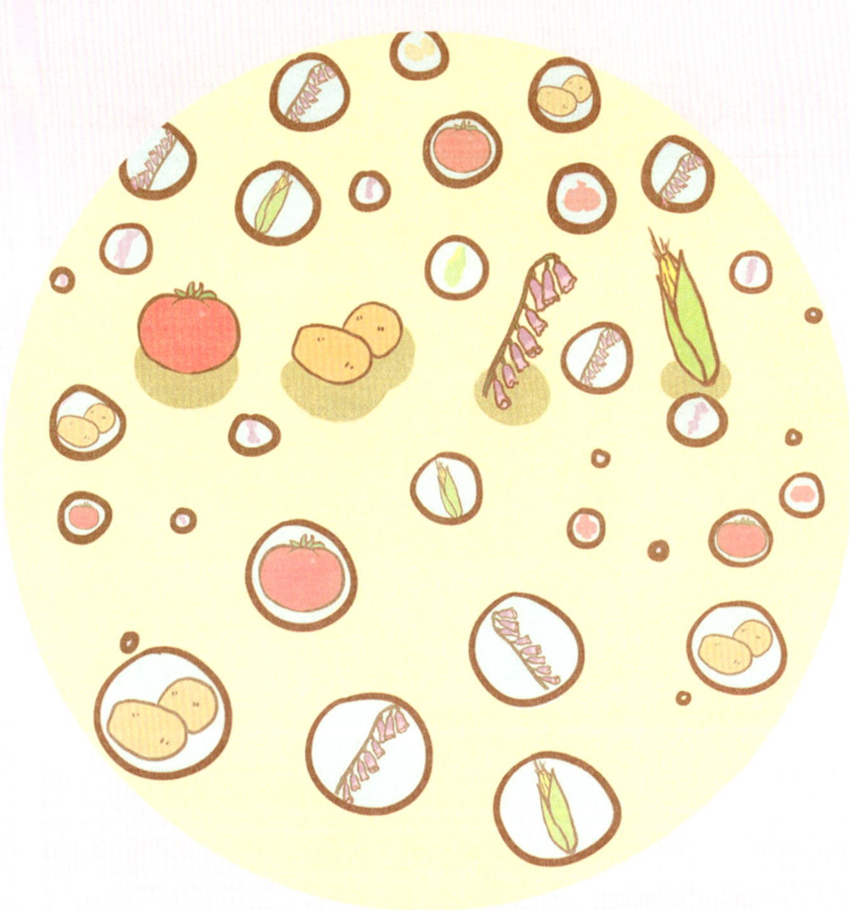

速生三文鱼
三文鱼鳞小刺少，肉质鲜美，深受人们的
喜爱。由于富含优质蛋白和Ω-3系列不饱
和脂肪酸，它也是制备鱼油的重要原料。
野生三文鱼产业却受限于每4年一次的
长周期产卵和洄游。

肥美的三文鱼是吃货们念念不忘的美味佳肴。

然而，鲜有人知三文鱼4年一次的受精产卵将耗尽毕生修为，它们从出生就注定活不过4岁。

三文鱼产下的大量受精卵会被其他鱼类或鸟类吃掉，幸运长大成鱼的仍有3/4会被捕食。

艰难的繁育之路注定了三文鱼宝宝的不平凡，所以各国政府一般每年允许的捕捞总量都控制在鱼群总量的1/7~1/8，以确保三文鱼的种族繁衍。

面对强大的市场需求，美国水恩科技公司的研究人员对大西洋三文鱼进行了改造。

奇努克三文鱼拥有强大的生长激素，所以它是三文鱼家族中的大块头。

大洋鳕鱼体内含有抗冻蛋白，可以在接近冰封的海域生存。

研究人员将奇努克三文鱼的生长激素基因序列连接到大洋鳕鱼的抗冻蛋白基因启动子后，植入大西洋三文鱼的受精卵中。

由此获得的转基因三文鱼被命名为：AquAdvantage三文鱼。

这种转基因三文鱼可以在冬季持续生长，生长速度加快一倍，生长周期缩短到一年半。

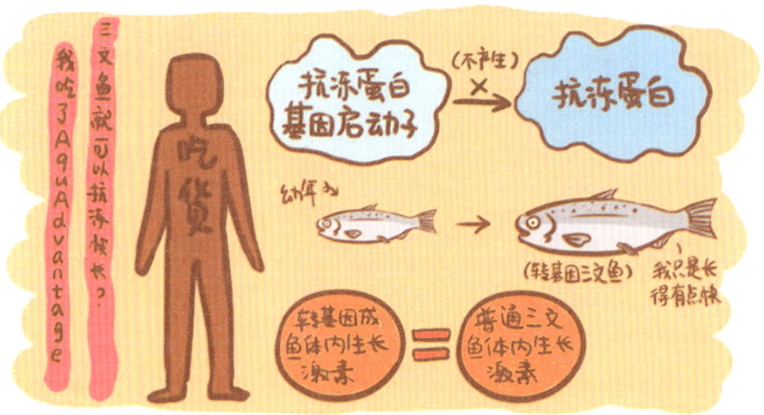

转基因三文鱼只用了抗冻蛋白基因的启动子，并不会产生抗冻蛋白，也不会产生过高的生长激素。

市场上的这种转基因三文鱼都是绝育的雌鱼，不会繁殖，不会影响野生三文鱼的生存。

作为进一步的预防手段，AquAdvantage三文鱼被要求必须在封闭式的设施中专门饲养。

2017年8月4日，美国水恩科技公司首次向加拿大顾客售出一万磅的转基因三文鱼，每磅5.30美元。

这一次成功的交易标志着经基因改造的动物首次被作为食品在市场公开出售。

爱干净的苹果

苹果是很厉害的，老大诱惑了夏娃，老二砸醒了牛顿，老三引领了电子行业，老四主宰了广场舞，现在出现了老五，那就是转基因苹果，切开三周不变色！研究人员通过一种叫"基因沉默"的技术，让苹果在切开后也不会变成难看的褐色果肉了！

食品加工的流水线上，一筐筐苹果等着被加工。

加工水果的过程中，褐变是有害的，不仅影响口味，而且会降低营养价值。苹果可担心自己切开后会被贬值。

“嗨！兄弟，别担心，我们Okanagan公司出来的转基因苹果，不会变色的。”苹果哥哥说道。

当苹果被切开或者细胞受损时，多酚氧化酶与多酚类物质相遇，酚类物质被氧化生成褐色的醌类物质，苹果的果肉就变色了。

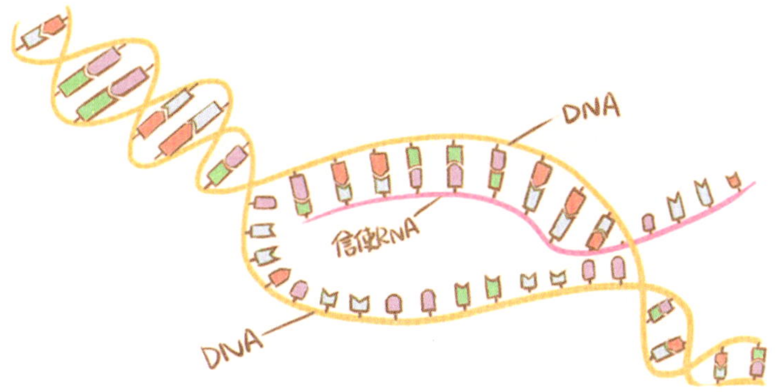

细胞中的多酚氧化酶的合成分为三个阶段。第一是基因表达的转录阶段，生成了多酚氧化酶mRNA模板。

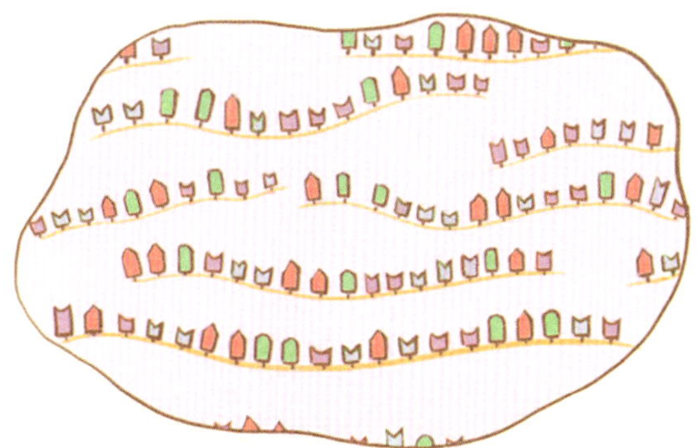

第二阶段是转录后的多酚氧化酶mRNA不断增加直至稳定。

第三阶段是按照mRNA模板翻译出最终的多酚氧化酶。

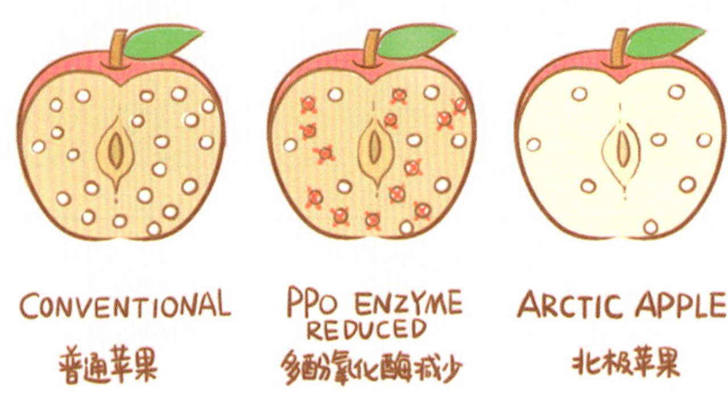

科学家采用"基因沉默"技术减少了第二阶段90%的mRNA模板的合成，从而大大降低了多酚氧化酶的产生，让苹果褐变大幅变慢。

2004年，Okanagan的创立者尼尔卡特亲自品尝了第一口这种不会褐化的转基因苹果。

2015年，转基因苹果先后被美国农业部（USDA）和美国食品药品监督管理局（FDA）批准上市。

转基因苹果起名叫“北极”。2017年2月起已经在美国中西部少数几个州销售了。

由于现在售卖的切片苹果，其成本中35%来自抗氧化剂的使用，“北极苹果”切片就可以不使用抗氧化剂了。

更多不变色苹果请看：

我是ARCTIC GOLDEN，
烘焙用我不变色。
我是ARCTIC GRANNY，
健康又美味。
我是ARCTIC FUJI，甜
蜜又好看。

菠萝的粉红梦
菠萝中有一种酶可以将红色的番茄红素转化为黄色的β-胡萝卜素，所以普通菠萝果肉呈现黄色。粉心菠萝是利用转基因技术降低了菠萝中这种酶的水平，使得菠萝果肉中的番茄红素大量积累，果肉就变成了粉红色。

“你看你看，那个怎么一身粉红，和我们颜色不一样？”

菠萝们排排坐，数果果。

“是不是生病发烧了，都烧到全身泛红了？”

“喂！你是不是生病了，怎么全身变色了？”

粉红菠萝傲娇了，忍不住开始给普通菠萝们上起课来。

普通菠萝体内有一种酶，不停地将红色的番茄红素转化为黄色的β-胡萝卜素，所以果肉呈现黄色。

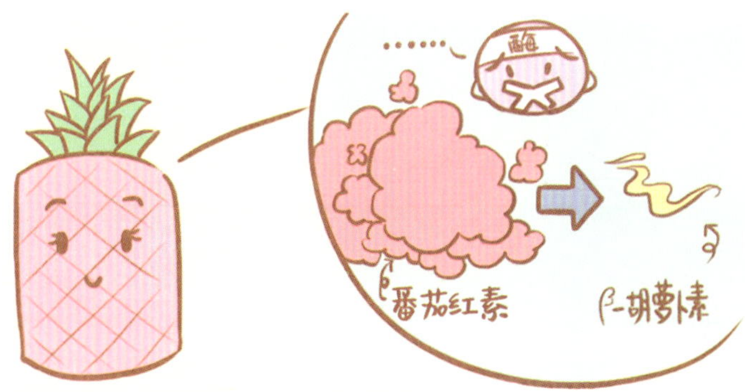

粉心菠萝是利用转基因技术降低了这种酶的水平，这样番茄红素大量积累，菠萝的果肉就变成了粉红色。

番茄红素，又称ψ-胡萝卜素，和β-胡萝卜素一样属于胡萝卜素的一种，都是纯天然植物色素，安全性很高。

番茄红素普遍存在于番茄、西瓜等红色系的蔬菜、水果中，是它们呈现红色的主要原因。

番茄红素是自然界植物中抗氧化能力最强的物种之一，具有优越的生理功能，因此粉心菠萝可不是仅仅为了漂亮哦！

转基因粉心菠萝是美国德尔蒙食品公司研发的。

美国FDA认为：粉心菠萝的安全性、营养性和普通菠萝一样甚至更高。

2016年12月14日，粉心菠萝在美国批准上市，标签也是少女心十足——“特甜粉心菠萝”。

抗衰老，免疫力下降请认准番茄红素！